# HEALTH RULES

病気のリスクを劇的に下げる健康習慣

## 一套最科學、也最易遵循的健康原則

哈佛大學醫學博士 津川友介——著

連雪雅——譯

# Contents

## RULE 4 減重 65

## RULE 5 酒與菸 91

## RULE 8 過敏及花粉症 135

## RULE 10 新冠病毒、感冒、流感 171



## RULE 11 疫苗 183

前言

# 聰明識讀資訊，養成健康習慣

人在身體健康的時候，難以想像生病時的自己。如果會想到生病了很痛苦、很難受，就不會將身體健康當作「理所當然」的事，然而人類總是「重蹈覆轍」，一旦恢復健康，過一陣子又不太會記得生病時的事。身體難受時會轉念一想，康復後要顧好身體，等到恢復健康又重回以前的生活。

我們每天都在做一連串的選擇，比如：早上出門上班是走路到車站，還是搭公車？假日要去慢跑，還是待在家上網追劇？午餐該選擇有許多蔬菜可選的簡餐店，還是拉麵店？該不該喝酒呢？該不該抽菸呢？每個選擇不全然會對那個人的健康造成可見的影響，但確實促使我們一步步接近疾病，或是遠離疾病。患病的可能性其實正在我們不注意時起伏不定。

我們曾在電視或雜誌上看到，有些長輩不拘小節、想吃什麼就吃什麼也能活到百歲，也有些嚴格管控生活、注重養生仍早死的人。人生不存在「假如」，我們無法知道若以不同的生活方式過日子會變得怎麼樣。然而，能夠活到一百歲的老人家若能稍微注意飲食，或許會活得更健康長壽，而早死的人如果過著不健康的生活，說不定會更短命。

當然，我們並不曉得對一個人來說什麼才是最好的方式。不過，現已有方法能提高或降低「生病機率」，目前許多醫學研究已查明要因。

無論在社會上多麼成功、多麼富有，生病了就一無所有。即便擁有能隨心花用的錢或自由，也很難活用那些來達到幸福。更何況這些在死了之後也變得毫無意義。也就是說，雖然健康不是人生的目的，但維持健康卻是幸福的基礎。

而且，一旦罹患癌症或腦梗塞，即使再富有，以現今的醫學還是無法全然復原。人類無法將罹患癌症或腦梗塞的機率降到零，但能透過建立新習慣掌控風險。希望各位重新檢視飲食、運動、睡眠、飲酒……這些每天在做的「每一個小選擇」，藉此漸漸地能掌控人生。即使你了解最新的醫學知識，並衡量幸福與健康後，決定維持不健康的生活方式也沒有關係，要怎樣選擇是個人的自由。不過，若因為沒有正確的醫學知識而低估風險，十年後生病才悔不當初，是多麼遺憾的事。如果擁有正確的醫學知識，人生肯定會變得不同。

有件事要提醒各位：留意你所聽聞的醫學知識，是否真的能夠相信。

有些人聽到醫師、大學教授、營養師等專家說「〇〇有益健康」，就放心採信。可是，電視或報章雜誌、網路流傳的那些資訊，許多都沒有經過實證（evidence）。實證是指從醫學研究獲得的結果（資料、數據）。

即使語出權威人士，若不是根據實證我們就得抱持懷疑。就算是諾貝爾獎得主說的話，如果不是根據確切的研究結果，就不值得一聽。

更重要的是，實證也有所謂的準確度，光是依據研究論文，仍不足採信。其中有些只是引用對自己有利的資料，或接受企業資助，內容包含偏頗的解釋。也有些研究方法很隨便，研究對象的人數太少。在主張「具有實證」的健康資訊中，夾雜許多像這樣以不確切的論文為根據的資訊，必須留意。

本書堅持實證的準確度，只採用以高等研究方法進行，且經過同領域研究者嚴格檢驗（此過程稱為「peer review—同儕審查」）的論文。為了幫助各位改善健康習慣，絕對不能傳達錯誤資訊。「正確的資訊」是本書引以為傲的最大特色。

在專業性高的領域，本書也邀請各領域的權威檢視內容，給予反饋意見。〈睡眠〉是史丹佛大學睡眠醫學中心的河合真醫師、〈孕婦飲食建議〉是丸之內森女士診所的宋美玄醫師與滋賀醫科大學醫學部的婦產科學講座的笠原真木子醫師、〈運動〉是東京大學研究所醫學系研究科的鎌田真光醫師、〈菸酒〉的「菸」是大阪國際癌症中心的田淵貴大醫師、〈過敏及花粉症〉是東京慈惠會醫科大學葛飾醫療中心小兒科的堀向健太醫師、〈新冠病毒、感冒、流感〉是國立國際醫療研究中心、國際傳染病中心的石金正裕醫師、〈疫苗〉是埃默里大學（Emory University）小兒傳染病科的紙谷聰醫師，以及疫苗宣導團體「COV-Navi」的木下喬弘醫師、關東中央醫院婦產科的稻葉可奈子醫師，在此向各位醫師致上謝意。

本書盡可能不使用專業術語或艱深的詞彙，只提供讀者所需的結論。想了解詳細的人，可參考各章及各項目最後列出的引用論文。希望各位閱讀本書後，試著將書中的知識導入生活之中，相信十年後各位會覺得當初讀到這本書真是太好了。

# RULE 1

# 睡眠

## 長期睡眠缺乏，就像電腦不關機一樣

各位都有好好睡覺嗎？早上起床會覺得難受嗎？白天總是感到睏，腦子昏昏沉沉嗎？

應該沒人會反對睡眠很重要。許多人都希望可以不設鬧鐘，安穩地一覺到天亮。然而現代人很忙碌，實在難以做到，因此許多人都有睡眠不足的問題。

睡眠為何如此重要？慢性的睡眠不足對健康會造成怎樣的不良影響？人類究竟需要睡多久呢？

在介紹關於睡眠的研究結果之前，先來解釋相關用語。一般所說的「睡眠不足」

通常指的是睡眠時間太短，有時也會用於睡眠品質差。不過正如後述，睡眠時間不足所引發的問題，無法靠改善睡眠品質解決。在本書「睡眠不足」的定義為：睡眠時間不足。關於睡眠請務必記住，比起品質，時間更重要。

那麼，人類為什麼要睡覺呢？有趣的是，其實至今尚未有明確的理由。人類之外的動物大都是在晚上睡覺。野生動物在睡眠期間被捕食者針對的風險很高，為了確保糧食，必須減少睡眠時間。從生存觀點來看或許會覺得睡眠只有缺點，但大部分的動物都會睡覺。牠們透過睡眠重整腦細胞之間的連繫，刪除不必要的記憶，這就像是使用電腦，每天重新開機一次，或定期清理磁碟等的系統維護（沒有做的人請務必進行），人類也是透過睡眠進行大腦的「維護」。再者，成長期的生長激素只在睡眠中分泌（尤其是入睡後的深層睡眠），人類睡覺不是只為了大腦，而是為了大腦與身體兩方面的維護。

## 睡眠不足要人命

眾所周知，長期睡眠不足有害健康。英國有項研究耗時七年，追蹤了約五十萬名四十~六十九歲的成人，[*1]發現睡眠時間不足六小時的人比超過六小時的人，罹患心肌梗塞的風險高出二〇%。此外，睡眠時間每多一小時，罹患心肌梗塞的風險降低約二〇%。

據另一項來自西班牙、針對約四千人進行的研究[*2]，睡眠時間不足六小時的人動脈硬化會惡化。已知可能原因是：睡眠時間一縮短，血液中的發炎物質就會增加。

另外，睡眠時間短，不只會有心律不整或免疫功能下降，死亡率也會提高。[*3、4、5]

不僅如此，睡眠不足易變胖。回想熬夜時是否容易肚子餓，而且更想吃拉麵、零食等高熱量食物或碳水化合物。其實，這也有實證。

多項研究表明，[*6、7]睡眠時間短的人，罹患肥胖症的風險較高：讓十二名標準體重的健康男性受試者在飲食、熱量或運動量受到控制的環境下，進行短時間（四小時）睡眠與長時間（十小時）睡眠的隨機分配實驗。[*8] 結果，睡眠不足使促進食慾增加的「飢餓素」（Ghrelin）上升，而抑制食慾的「瘦體素」（Leptin）分泌減少。此外，睡眠不足時控制食慾對應的大腦區域活動力下降，導致對高熱量或高碳水比例的食物更渴望，這在別的研究也已證實。[*9]

## 睡覺也是種生產力

睡眠不只對健康造成不良影響，也會降低工作的生產力。

有項研究讓四十八名受試者進行隨機的不同睡眠模式，評估大腦的功能。[*10] 受試者被分為十四天持續四小時、六小時、八小時睡眠，以及熬夜三天，共四組，進行精神動作警覺度測驗（psychomotor vigilance task），評估受試者清醒程度或工作能力。結果，睡眠時間越短，失誤越多（圖1-1A）。

更有趣的是，自覺睡意的強度與失誤的頻率不呈正比，請看看圖1-1B。扣除熬夜三天的組別不看，無論睡眠時間的長短，過了四～五天，睡意都變得不那麼強烈。而

## 圖1-1　睡眠時間與工作效率及睡意的關係

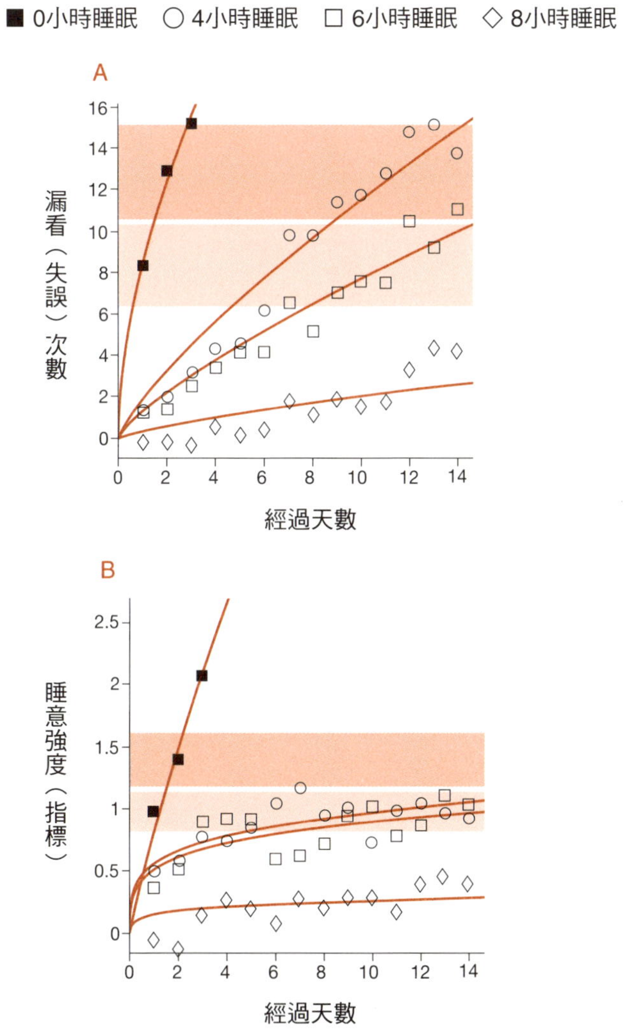


出處：筆者參考Van Dongen HPA. 2003 製成

且，關於睡意的強度，睡六小時組和睡四小時組之間差異不大。也就是說，睡眠不足會讓生產力不自覺下降，而且與自覺睡意無關。

睡眠不足造成的經濟損失也很大，美國具代表性的智庫蘭德公司（RAND Corporation）在二〇一六年出版的報告中指出，因睡眠不足造成的生產力下降，在日本造成每年六十萬天勞動天數的損失，估計造成高達約十五兆日圓[*11]的經濟損失（占GDP的三%）。

## 睡六小時就夠嗎？一．五倍數迷思

那麼，睡多久才能確保充足的睡眠呢？日本人常說一．五小時週期是良好的睡眠，因此許多人覺得「六小時」是剛剛好的時數。於是，認為睡滿六小時＝睡得好，而未滿六小時就是稍微睡不夠。可是，「睡眠時間六小時」其實是誤解。附帶一提，我身邊的美國人從未講過一．五小時週期的事，這是日本獨有的「神話」。

「睡眠時間為一．五小時的倍數最好」一說，是出自「快速動眼睡眠[1]與非快速動眼睡眠[2]的週期是九十分鐘，在那個時間點醒來會覺得很舒服」的理論。但，九十分鐘只是平均值，快速動眼睡眠與非快速動眼睡眠的週期存在個人差異，況且據多項研究結果，六小時的睡眠時間並不足夠。

美國的國立睡眠基金會（National Sleep Foundation）指出，據實證，不論幾歲若睡得不夠多都有害健康，所以就結論來說，十八～六十四歲的人要睡七～九小時，六十五歲以上的人必須睡七～八小時。亦即為了維持健康，至少要睡七小時。

從圖1-2也能知道，十幾歲的青少年或孩童睡滿七小時也還是不夠，而六～十三歲要睡九～十一小時，十四～十七歲要睡八～十小時才夠。年輕人總是很睏並不是因為懶散，他們在生物學上比成人需要更長的睡眠時間。基於這個實證，開始有許多地方調整學校的上課時間。實際上，在美國華盛頓州西雅圖進行的研究指出，[*12]高中的上課時間改晚一小時，讓學生增加三十四分鐘的睡眠時間，成績平均進步四・五%。

1（作者注）此時大腦處於活躍狀態。因為眼球不停轉動，英文為Rapid Eye Movement。

2（作者注）眼球不動，大腦休息的深層睡眠狀態。

## 圖1-2　各年齡層的建議睡眠時間

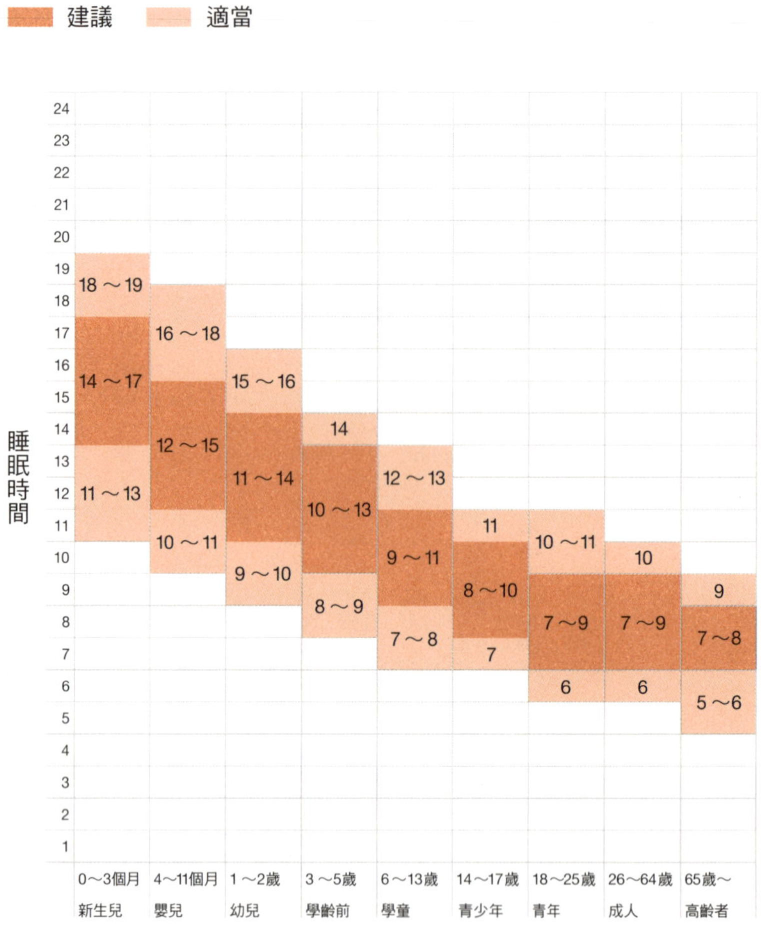


出處：National Sleep Foundation（＊13）

注：雖然和美國睡眠醫學會（American Academy of Sleep Medicine〔AASM〕）的建議時數不同，但相當接近。

那麼，日本人的睡眠時間足夠嗎？請看看圖1-3，縱軸是平均睡眠時間，橫軸是平均所得（人均ＧＤＰ）。

看了圖表就會知道，日本是全球睡眠時間最短的國家之一，日本人只睡剛好六小時，也許和前述神話有關。

## 睡覺能夠獲得的大好處

在此以睡眠相關研究為基礎，彙整成三個重點。

第一，睡眠不足是萬病之源。長期睡眠不足不只會提高罹患心肌梗塞或死亡的風險，也會導致肥胖。若想活得健康長壽，務必確保充足的睡眠時間。

第二，睡眠不足對大腦功能會造成不良影響。換言之，想要提升工作生產力，必須有充足的睡眠。例如，提早一小時回家，提早一小時睡覺，只要工作績效好，最終也會提升工作成果。若是商務人士，確保有充足的睡眠時間可說是工作的一部分。

第三，為了維持身體健康，並在工作上有所表現，必須有七小時以上的睡眠。街

## 圖1-3　各國的睡眠時間與平均所得（人均GDP）的關係

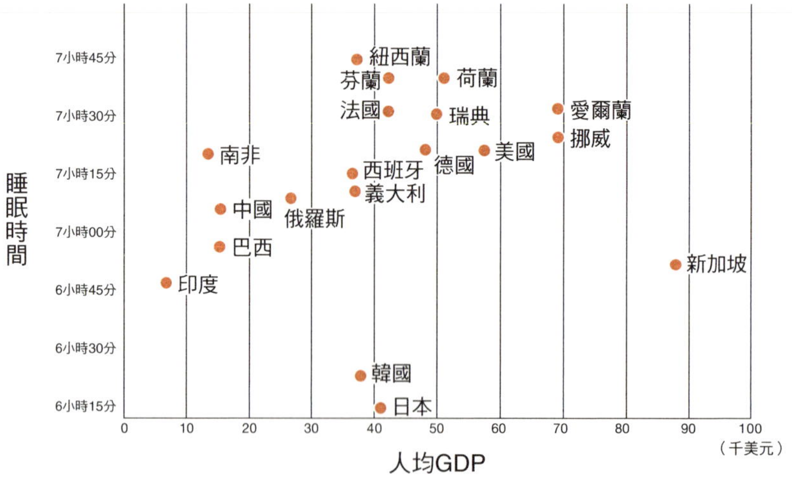


出處：The Economist 1843（*14）

頭巷尾流傳的「睡眠時間六小時神話」只是誤解，睡六小時仍是睡眠不足的狀態。睡眠的量與質同樣重要，無法用睡眠品質彌補量的不足。先確保七小時的睡眠時間，再思考睡眠品質。快速動眼睡眠、非快速動眼睡眠的週期有很大的個人差異，就算是一・五小時週期的睡眠時間也未必能夠舒爽醒來。只要確保充足的睡眠時間，在清晨來臨前，快速動眼睡眠增加，非快速動眼睡眠減少，我們從快速動眼睡眠清醒的機率自然會提高。也就是說，醒來覺得不舒爽並非時間點的問題，只要增加睡眠時間就能解決。

日本由於少子高齡化，未來勞動人口會減少，許多地方都在疾呼必須提高工作生產力。因此，與其延長員工的工時，不如每天讓他們早點下班、至少睡足七小時。這個方法不只能提高生產力，也能提升工作的滿意度，同時穩定情緒，降低因過勞產生的抑鬱等精神問題的風險，讓員工健康長壽（實現「健康經營」），可說是「四方皆贏」的工作方式改革。

**RULES**

- 睡眠不足會提高生病或肥胖的風險。
- 睡眠不足對大腦功能會造成不良影響。
- 睡眠時間比睡眠品質更重要，務必睡滿七小時以上。

RULE 2

# 飲食

## 實證最豐富的範疇：飲食

對人類來說，每天攝取的食物對健康非常重要。

什麼樣的飲食可以減少罹患癌症或腦中風[3]的機率，幫助我們活得長壽呢？為了解答，目前已有許多研究結果。

只要理解基於實證的健康飲食，聽聞街頭巷尾所流傳的「根據最新的研究結果指出……」時，便不會被良莠不齊的資訊迷惑。因為這個領域的研究很多、實證豐富，

3 （作者注）腦梗塞或腦出血等，腦血管發生障礙的疾病總稱。

所以即使出現一、兩個相反結果的「最新研究」，也不至於讓原有的結論大翻盤。

那麼，我們要吃什麼、不應該吃什麼呢？許多值得信任的研究都指出，有害健康的食品有三種：

①紅肉（牛肉或豬肉，不包含雞肉）與加工肉品（火腿或香腸等）

②白色碳水化合物

③奶油等飽和脂肪酸

反之，有益健康（有效降低罹患腦中風、心肌梗塞、癌症等疾病的風險）的食品有五種：

①魚類

②蔬菜與水果（不包含果汁、馬鈴薯）

③褐色碳水化合物

④橄欖油

⑤堅果類

接下來，依序進行說明。

## 有害健康的食物① 牛肉、豬肉、火腿等

二〇一五十月，隸屬世界衛生組織（WHO）的國際癌症研究機構（以下簡稱IARC）發布一項評估報告寫道：「加工肉品具有致癌性，紅肉可能致癌」。「加工肉品」具體來說是火腿、香腸、培根等，另外「紅肉」則是指牛、豬肉等四隻腳動物呈紅色的肉，這不同於脂肪含量少的紅肉，也就是瘦肉。紅肉還包括所謂的「霜降肉」。順帶一提，雞肉則屬於「白肉」。

再進一步說明的話，IARC將加工肉品歸類在一類致癌物（對人體有明確致癌性），並將紅肉歸類在二A類致癌物（致癌可能性較高）。一類是致癌性實證最強烈的級別，香菸或石棉便歸在這類。而歸類在二A類的，還有溴乙烯、丙烯醯胺等（見圖2-1）。

每天多攝取五十公克的加工肉品，相當於一根熱狗、兩片培根，罹患大腸癌的風險會增加一八％。

另外，每天攝取一百公克紅肉，罹患大腸癌的風險會增加一七％。[*1] 日本罹癌

## 圖2-1　IARC發表的致癌風險分類

| | | |
|---|---|---|
| 一類致癌物 | 對人體致癌 | 香菸、石棉、媒煙（大氣污染）、加工肉品、紫外線、苯等121種物質 |
| 二A類致癌物 | 很可能對人體致癌 | 溴乙烯（Vinyl bromide）、丙烯醯胺（Acrylamide）、丙烯醛（Acrolein）、紅肉等90種物質 |
| 二B類致癌物 | 可能對人體致癌 | 乙醛、氯仿（Chloroform，俗稱哥羅芳）、汽油引擎廢氣等323種物質 |
| 三類致癌物 | 不確定對人類致癌* | 煤塵、聚乙烯、糖精（Saccharin）、咖啡等498種物質 |

＊致癌性證據不充分或有限。

出處：IARC Monographs，volumes 1-130

〔https://monographs.iarc.who.int/agents-classified-by-the-iarc/〕

人數遽增的癌症病例中，大腸癌在男性罹癌人數（發病率）排第三，前二名依序為胃癌、肺癌；女性則是排第二，最高則是乳癌（見圖2-2）。

日本國立癌症研究中心以日本人為對象進行研究，[＊2] 用八～十一年的時間，持續追蹤約八萬名年齡介於四十五～七十四歲、居住在岩手縣到沖繩縣範圍的民眾。結果顯示，紅肉或加工肉品的攝取量越多，得大腸癌的風險就愈高。關於加工肉品，儘管在吃多與吃少的人之間，目前統計上無法得到大腸癌風險的顯著差異，但整體來說，攝取量越多，罹患大腸癌的風險較高。

為什麼吃紅肉或加工肉品會增加大腸癌風險？因當中含有①血基質[4]、②硝酸鹽、亞硝酸鹽[5]、③多環胺類[6]。因為只有加工肉品會添加硝酸鹽、亞硝酸鹽，所以**加工肉品對健康的負面影響比紅肉更大**。多環胺類等在肉類燒焦的部分特別多。因此，同樣是紅肉，像燒烤那樣直接用火接觸食材的高溫烹調方式更會提高罹癌風險。

那麼，與其他疾病風險的相關性呢？目前世界上實行許多研究，根據統合九篇論文的研究顯示，[*3]加工肉品吃得越多，總死亡率（所有原因的死亡機率）、腦中風或心肌梗塞等動脈硬化疾病的致死率、癌症死亡率都提高。

另一份統合五篇論文的研究也指出，[*4]每天多攝取五十公克的加工肉品，腦中風的風險會增加一三％，每天多攝取一百～一百二十公克的紅肉，腦中風的風險會提高一一％。

我們不是從此不吃肉，而是理解超過多少量確實有害健康，進而能安心地滿足口

4 （作者注）heme，紅肉所含的肌紅素。
5 （作者注）用於維持加工肉品的新鮮度或防腐。
6 （作者注）heterocyclic amines，亦稱雜環胺，以高溫烹調肉類時生成的物質。

## 圖2-2　歷年各癌症發生率變化

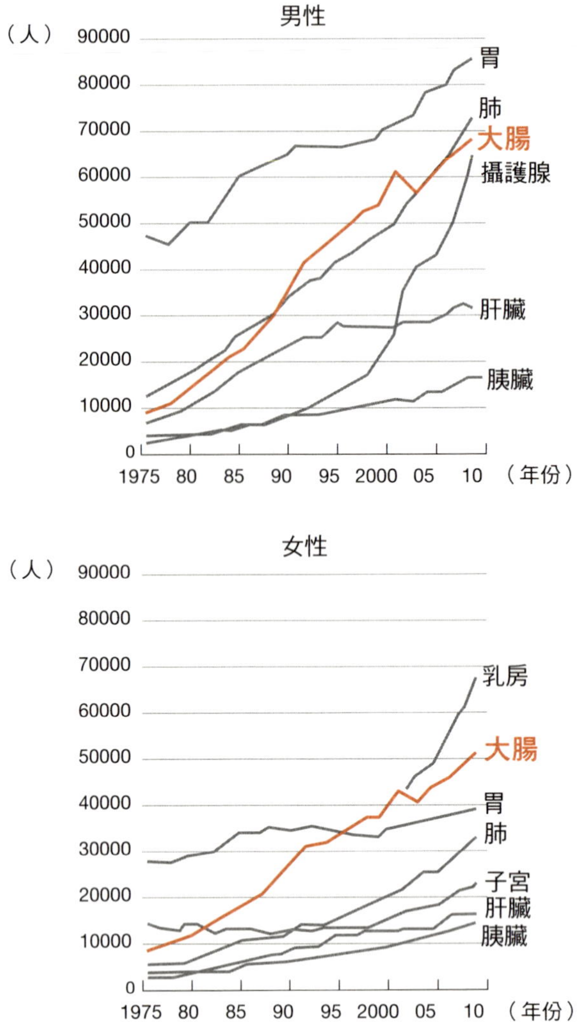


出處：日本國立研究開發法人 癌症研究中心 癌症對策資訊中心
（国立研究開発法人国立がん研究センターがん対策情報センター）

腹之欲。此外，吃紅肉的時候，選擇高溫烹調（燒烤）以外的烹調方式，避免燒焦的部分比較好。

## 有害健康的食物② 白色碳水化合物

白色碳水化合物，是指白飯、烏龍麵、義大利麵、使用麵粉做成的白麵包等「精製碳水化合物」。什麼是精製？即去除不便食用或味道不好的部分，比方說去除米糠或胚芽後的白米。

此外，在後文會介紹的褐色碳水化合物，指的是糙米、蕎麥、使用全麥麵粉做成的褐色麵包等「非精製碳水化合物」。

雖然白色碳水化合物不像砂糖那樣甜，但在體內會被吸收、分解為糖分（葡萄糖），白色碳水化合物基本上和糖是相同性質的東西。科學上的說法是「白色碳水化合物≒糖」，所以白飯與甜點對身體來說類似。

多數研究報告指出，以白飯為代表的「白色碳水化合物」會讓血糖值升高，提高罹患糖尿病或腦中風、心肌梗塞等動脈硬化疾病的風險（下述研究將白飯和糙米飯的攝取量以公克表示，一個小碗約一百六十公克、一個大碗約兩百公克）。

首先是糖尿病。目前已知白飯攝取量越多會提升罹患糖尿病的風險。

二〇一二年，全球具權威性的英國醫學期刊所發表的統合分析，彙整了四篇白飯與糖尿病關係的研究論文。[*5] 文中提到多吃一碗白飯，罹患糖尿病的風險會增加一一%。

那麼，日本的實證又是如何呢？在前述的論文被引用的資料之一，日本國立國際醫療研究中心的南里明子教授等人使用日本人資料進行的研究同樣證實：[*6] 白飯攝取量越多，有越大機會罹患糖尿病（見圖2-3）。

論文提到，男性一天吃兩～三碗白飯的組別，比起吃少於兩碗組，五年內罹患糖尿病的風險提高二四%。另一方面，在吃兩～三碗組和吃多於三碗組之間，糖尿病患病機率差別不大。由此可知，一天兩碗是提高糖尿病風險的界限。

罹患糖尿病的風險隨白飯進食量提高的現象，在女性族群更顯而易見。比起吃一碗組（男女的最少白飯攝取量不同），吃兩碗組的糖尿病風險多了一五%、吃三碗組

## 圖2-3　在日本，白飯攝取量與5年內罹患糖尿病風險的相關程度

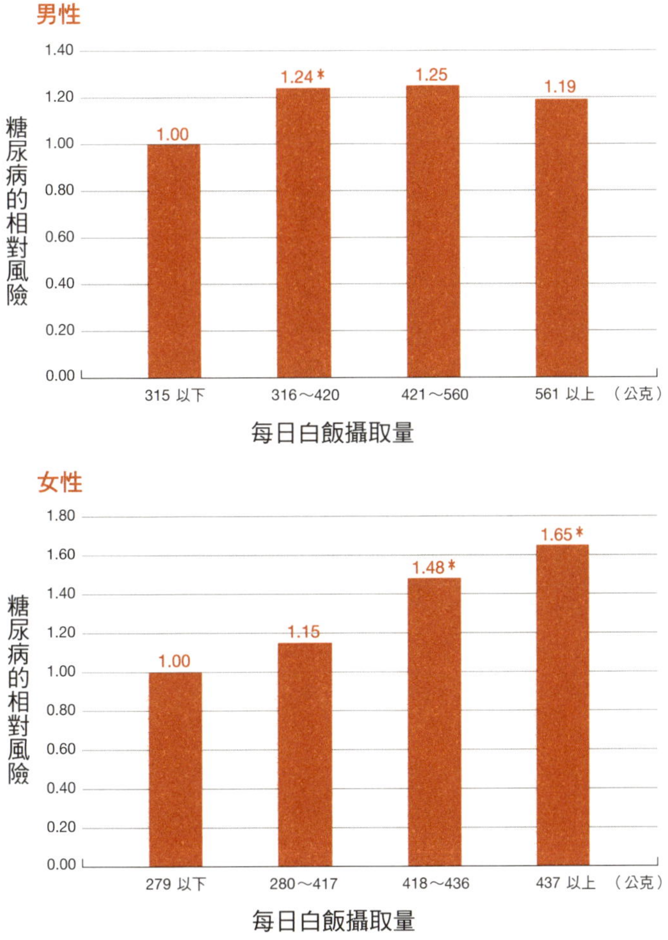


注：與白飯攝取量最少的組別相比，罹患糖尿病風險的統計顯著性差異高的組別，相對風險的縱軸有標示＊。相對風險1.24代表罹患糖尿病的風險提高24%。糖尿病風險已做過年齡、總攝取熱量、運動量、其他飲食、BMI等因素的補正。

出處：修改 Nanri A.2010 的一部分

高出四八%、吃四碗組多出六五%。

不過，這樣的解釋是在白飯攝取量為正確推斷的前提下，因為吃多少飯是自我陳述，會視記憶錯誤、或罪惡感而產生偏差。此外，針對每天做一小時以上的勞動或激烈運動的人，並未發現統計顯著性差異。但我們至少能知道，白飯吃得越多，罹患糖尿病的機率也就提高。

筆者也認為少吃白飯對身體比較好。尤其有糖尿病家族史的人，建議盡可能少吃白色碳水化合物類比較好。如果實在是想吃白飯，每天做一小時以上的激烈運動，便可以讓罹患糖尿病的風險不會提高。

順帶一提，據二〇一六年英國醫學期刊整合多篇論文的統合分析，[*7] 吃太多白飯雖然會提高罹患糖尿病的風險，卻不會提高罹癌風險。

## 有害健康的食物③　奶油等飽和脂肪酸

我們可以如何區分好油與壞油？一般來說，室溫下呈固態的乳製品或肉類等的動物性脂肪，是飽和脂肪酸。另一方面，室溫下呈液態的植物性油脂，則屬於不飽和脂肪酸。橄欖油是較常見的好油，而像奶油等的飽和脂肪酸則對健康有壞處。綜合多個研究的報告[*8]指出，奶油吃較多的人，死亡率較高，雖然差距不大。足見奶油是有害健康的食品。奶油若是少量品嘗，並不會對健康造成太大問題，但日常使用的油品，建議使用橄欖油等植物性油脂。

## 只做清楚優劣的選擇

讀到這裡，有些人可能會想「我很喜歡吃牛肉、豬肉、白飯和烏龍麵，這下子不能吃了嗎……」，而且喜歡吃燒肉配白飯的人應該也很多。

雖然筆者告訴各位那些食物「有害健康」，但不是「不能吃」，而是希望各位先了解飲食內容所帶來的好處與壞處再選擇。愛吃甜的人能從甜品獲得更幸福，一旦戒糖過度，人生卻可能變得毫無樂趣。若是如此，衡量幸福感與健康，每天吃少量的甜食也是合理的判斷。

但事實是，罹患重病就不能享受吃的樂趣也是事實。理解風險，維持吃的樂趣與健康的平衡很重要。

減少攝取有害健康的食物，試試看接下來要說明的「有益健康的食物」。

## 有益健康的食物① 魚

說到有益健康的食物，莫過於魚。經常吃魚的人，死亡率較低。二〇一六年歐洲具權威性的營養學雜誌，整合了十二篇研究[*9]的統合分析顯示，魚類攝取量越多，死亡率就越低（圖2-4）。該分析涵蓋總計六十七萬人。

那麼，應該吃多少魚才好呢？

一天攝取六十公克的魚的人，比起完全不吃的人，死亡率降低一二％。不過，並不是吃越多對健康就有好處。從圖2-4也能看出，一天吃魚超過六十公克似乎沒有加分效果。

還有，在該分析所納入的兩篇以日本人為對象的研究[*10]，得到的結果都是魚的

## 圖2-4　魚類攝取量與死亡率的關係

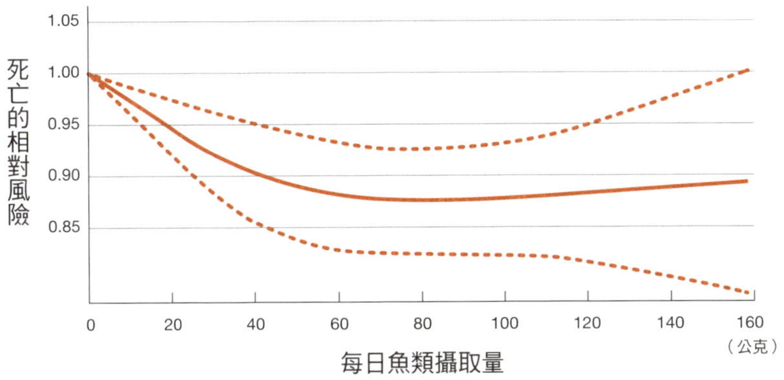


注1：（死亡的「相對風險」）是表示比起完全不吃魚的人，死亡風險為幾倍。例如，魚類攝取量一天60g的人的風險是0.88（88%），用100%減掉之後，剩下的12%代表死亡風險降低12%。

注2：實線是推估的相對風險，虛線是95%的信賴區間（雖然不精確，大致是以95%的機率落在兩條虛線之間的範圍）。

出處：Zhao LG. 2016

攝取量越多，死亡率較低。

此外，吃魚可能預防腦中風或心肌梗塞等動脈硬化引發的疾病，一項統合多個研究的結果發現，[*11]一天攝取八十五公克的魚（特別是含油脂高的魚），比起幾乎不吃魚的人，因心肌梗塞死亡的風險降低三六%。

而且，吃魚可能也會降低罹癌風險。根據歸納了二十一篇研究的統合分析[*12]，以n-3脂肪酸換算，一天吃〇・一公克的魚，罹患乳癌的風險可能降低五%。不過，這同樣也不是吃得越多，風險就會持續下降。從完全不吃，變成少量攝取——即每日 n-3 脂肪酸不超過〇．一公克，最能降低風險。既然少量即可，各位不妨試著養成吃魚的好習慣。

吃魚也可能降低罹患大腸癌或肺癌的風險[*13、14]。另一方面，就算吃魚也無法降低胃癌的風險。[*15]至於攝護腺癌方面，雖不能降低罹癌風險，目前已知可能降低罹癌後的癌症死亡風險[*16]。

過去總認為不吃肉的素食主義者應該會缺乏必要的營養素，但後來經由研究證實，比起肉食者，素食主義者因動脈硬化引發疾病或癌症的風險較低。看過 Netflix 的紀錄片《茹素的力量》（*The Game Changers*）就會知道動物性蛋白質對健康有多大的害處。不過，有些人實踐的優良飲食方式，比素食主義者更好：「pescatarian－魚素主義者」，亦即在遵循素食之外還吃魚類的人。各位已知道，吃魚的患病機率比不吃魚還低，因此就健康而言，魚素可說是「最強飲食」。

## 有益健康的食物② 蔬菜與水果

蔬菜水果有益健康已經眾所皆知，但並非所有的蔬菜水果都對身體有益。許多研究結果指出，未加工的蔬菜與水果有益健康，這也表示將蔬菜或水果加工成果汁或果泥可能會降低健康效果。

「未加工的蔬菜與水果」不限於新鮮生食，即使是水煮蔬菜、或蔬菜湯也算。冷凍過的水果解凍後也不會有太大變化，不過如果變成加工品就另當別論。

本書所說的「未加工的蔬菜與水果」是指超市或蔬果店賣的新鮮蔬菜水果，不包括果汁或果泥等加工食品。因為這些食品在加工過程中會流失非水溶性膳食纖維（加工品仍含有水溶性膳食纖維）等重要營養素，失去對健康的好處。這麼想來，比起大量流失非水溶性膳食纖維的冷壓果汁，將未加工的蔬菜或水果直接打碎的蔬果昔對健康比較好（尚無實際比較兩者的研究，這只是筆者的個人見解）。

那麼，蔬菜與水果具有怎樣的健康效果呢？據一項整合十六篇研究的統合分析[*17]指出，一天的水果攝取量每多一單位（香蕉是半根、蘋果是一小顆），總死亡

**圖2-5　蔬菜或水果的攝取量與死亡率的關係**

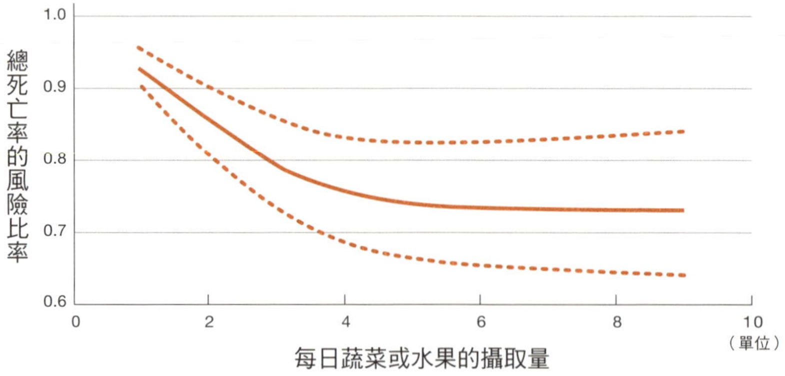


注：實線是推估的相對風險，虛線是95%的信賴區間（雖然不正確，大致是以95%的機率落在兩條虛線之間的範圍）。風險比率比1小，代表死亡率較低。例如，風險比率0.8是指，死亡率降低20%。

出處：Wang X. 2014

率會減少六%。蔬菜攝取量增加一單位（一小盤），總死亡率會減少五%。雖然多吃蔬果會減少死亡率，但每日攝取量超過五單位（三百八十～四百公克），死亡率變化不大。也就是說，一天只要吃四百公克蔬果對健康就有非常好的效果[*18]（見圖2-5）。

蔬菜或水果的攝取量每增加一單位，因心肌梗塞或腦中風等疾病死亡的機率就會降低四%，糖尿病的發病率也是適量攝取蔬果的人較低。

還有，滿多人並不曉得：事實上馬鈴薯屬於「白色碳水化合物」。馬鈴薯是炸薯條或薯片等不良飲食生活的代表食物，研究發現會提高罹患糖尿病或肥胖的風險。

## 有益健康的食物③　褐色碳水化合物

「褐色碳水化合物」是指糙米、蕎麥、使用全麥麵粉做成的褐色麵包等非精製碳水化合物。

許多研究報告指出，非精製的「褐色碳水化合物」有益健康。有項採納在美國、英國、北歐各國進行的研究、共涵蓋七十八萬六千人的結果指出，[*19] 一天攝取七十公克褐色碳水化合物的組別，比起幾乎不吃的組別，死亡率降低二二％。

另一份統合七項研究的研究指出，[*20] 多吃褐色碳水化合物的組別（一天攝取二・五單位以上）比起少吃的組別（每日攝取不足〇・二單位），罹患心肌梗塞或腦中風等動脈硬化疾病的風險降低二一％。

多篇研究結果也顯示，[*21] 吃糙米飯降低罹患糖尿病的風險。多吃組（每週超過兩百公克）比起幾乎不吃組（每月低於一百公克），罹患糖尿病的風險降低一一%。這項研究推測，將一天五十公克的白飯換成糙米飯，罹患糖尿病的風險可顯著的降低三六%。

儘管褐色碳水化合物有莫大效益，還是有幾件事需注意。有些超市或超商賣的麵包，成分標示含「全麥麵粉」，但含量卻很少，幾乎都是精製過的麵粉，要多留意。此外，蕎麥麵也有分成十成蕎麥（純蕎麥粉製作）或二八蕎麥（二成麵粉混合八成蕎麥粉），可以的話盡可能選擇蕎麥粉比例高的蕎麥麵。

## 有益健康的食物④和⑤　橄欖油與堅果

世界上存在著許多飲食文化，而多項實證表明，幾乎能保證對健康有益的是「地中海飲食」。這是以魚類加上橄欖油、堅果類為中心的飲食方式。

二〇一三年，國際具權威性的醫學雜誌《新英格蘭醫學期刊》（*The New England Journal of Medicine*）刊登的大規模試驗研究結果顯示，[*22]接受地中海飲食營養指導的組別，罹患腦中風、心肌梗塞，以及因這兩種疾病死亡的機率降低二九%。此外，使用同樣數據的他項研究[*23]也指出，罹患乳癌的機率降低五七％。還有一項研究報告提到[*24]，地中海飲食讓罹患糖尿病的風險減少三〇％。

順帶一提，這裡說的堅果類是指「植物果實」，如杏仁、核桃、腰果等。花生其實不是植物果實，而是一種豆類，但最近的研究也證實花生和其他植物果實一樣有益健康。[*26、25]花生的價格比植物果實便宜，不想花太多錢又想變健康的人，不妨吃些花生。

## 五種食物對健康的影響

將所有食品簡單分為五類，經複數研究證實有益健康的食品是第一類，而經複數研究顯示對健康有不良影響的食品是第五類。這麼一來可以知道，我們每天吃的食品大部分是介於中間的第二類、第三類和第四類（表2-1）。

各位經常在電視或網路等媒體看到「最新研究證實有益健康」的食品，多數是第二類。也就是說，雖然有一、兩項研究結果顯示有益健康，但是否真的有益健康還有

## 表2-1　有益健康與有害健康的五類食品

| 類別 | 說明 | 食品例 |
|---|---|---|
| 第一類 | 多個可信賴研究一致證實有益健康的食品 | ①魚<br>②蔬菜與水果<br>③褐色碳水化合物<br>④橄欖油<br>⑤堅果類 |
| 第二類 | 或許有益健康的食品；少數研究間接表明可能有益健康 | 巧克力、咖啡、納豆、優格、醋、豆漿、茶、豆類、菇類 |
| 第三類 | 缺乏報告指出有益、或有害健康的食品 | 其他多數食品 |
| 第四類 | 或許有害健康的食品；少數研究間接表明可能有害健康 | 美乃滋、乳瑪琳 |
| 第五類 | 多個可信賴研究一致顯示有害健康的食品 | ①紅肉（牛肉和豬肉，不包含雞肉）與加工肉品（火腿或香腸等）<br>②白色碳水化合物（包含馬鈴薯）<br>③奶油等飽和脂肪酸 |

注：本表的「健康」是指生病的風險或死亡率。
出處：津川友介《科學實證 最強飲食》

待商榷。也許幾個月後，該食品又會被報導「根據最新研究發現有害健康」。

其實這種事件時有所聞，所以不必為了那些「有效期限短的健康資訊」心情起伏不定。儘管不是最流行或最有話題，但每天攝取已被多年研究證實有益健康的食品，對健康才有保障。若想更進一步了解有益健康的飲食，請參閱拙作《科學實證 最強飲食》。

**RULES**

- 了解有益健康與有害健康的食品後，好好思考飲食生活很重要。
- 吃也是人生的幸福，風險高的食品不是不能吃，但要維持幸福度與健康的平衡。
- 不必為了媒體上那些「有效期限短的健康資訊」忽喜忽憂。

COLUMN 1

# 孕婦的飲食建議

## 為了即將出生的孩子

人生的轉變也會改變一個人最適合的飲食。而女性一生之中最注重飲食的時期，應該是懷孕的時候，因為吃什麼涉及兩個人的健康。

孕期吃什麼好、不能吃什麼，接下來進行說明。順帶一提，本文說明的飲食注意事項是以健康上沒有問題的孕婦為對象，若本身患有疾病，或是出現妊娠併發症（妊娠高血壓或妊娠糖尿病等），請和經常就診的婦產科醫師詳細商量關於飲食方面的事。

## 葉酸最重要

對孕婦而言，最重要的營養素是葉酸。葉酸是維生素B群的一種，黃綠色蔬菜、水果、海苔、動物肝臟等含量豐富（其中，食用動物肝臟帶有可能的壞處：維生素A過多，不建議孕婦食用）。

**孕婦的葉酸攝取量大約是一般人的兩倍，一旦不足，胎兒出現脊柱裂這種先天性障礙的風險就會提高**。其實，這類先天性障礙在許多先進國家的發生率已在減少，日本卻逐年增加。

我們無法持續從飲食攝取足夠的量，備孕及孕期女性務必服用葉酸的營養補充品。那麼，該如何補充？**葉酸營養補充品必須在懷孕一個月前開始服用，也就是說，發現懷孕時才開始吃已經太遲**。有計畫懷孕的人可事先服用葉酸營養補充品，而非預期懷孕的人常無法。所以不管是否有計畫，筆者建議凡是有懷孕可能的女性請服用葉酸營養補充品。

葉酸營養補充品不僅能降低胎兒脊柱裂的風險，也能降低自閉症的風險（正確來說，在美國[*1]與挪威[*2]進行的研究證實能夠減少自閉症的風險，但在丹麥的研究[*

3、4] 卻沒有這樣的結果）。和脊柱裂一樣，在懷孕四週前至懷孕八週服用葉酸營養補充品的媽媽，胎兒得到自閉症的風險下降，這也許是神經的發育與自閉症有某種關係所致。

此外，也有報告指出[*5]，葉酸營養補充品會讓新生兒罹患先天性心臟疾病（CHD）的風險降低二八%，由此可知葉酸對胎兒是不可或缺的營養素。

美國建議女性在懷胎前一個月前至孕期二~三個月後，每日服用四百~八百微克的葉酸營養補充品，之後每天服用六百微克。[*6] 雖然市售的備孕營養補充品幾乎都含有葉酸，但有些產品的葉酸含量少。前述的自閉症研究提到，如果一天服用不到四百微克，就無法降低自閉症的風險。而且，懷孕中期之後必須每天攝取六百微克，所以請選擇葉酸含量充足的營養補充品。

## 維生素D會降低發育不全的風險

繼葉酸之後的重要營養素是維生素D。二〇一八年統整二十四項實驗的研究報告指出，[*7] 服用維生素D的營養補充品，胎兒發育不全的風險減少二八%。有在服用備孕營養補充品的女性，請確認成分中是否含有維生素D。

## 攝取過量很危險的維生素A

有些營養素攝取過量對胎兒反而會有危險，具代表性的是維生素A。有報告指出，攝取超量的維生素A，胎兒出現先天性障礙的機率會提高。營養補充品之外，維生素A源於動物肝臟、鮟鱇魚肝、鰻魚、銀鱈等。如前所述，吃動物肝臟可補足葉酸，但可能會讓食用者攝取過量維生素A，因此筆者建議盡可能服用營養補充品來補足葉酸。

## 懷孕期間要減少咖啡因的攝取

咖啡因具有讓血管收縮的作用，如孕期攝取過多可能會造成流產或對胎兒的發育產生不良影響。針對喝多少目前沒有確切實證，但美國婦產科醫學會（American Congress of Obstetricians and Gynecologists）建議，懷孕期間的咖啡因攝取量應控制在一天不超過兩百毫克。一百毫升的咖啡含有六十毫克的咖啡因，如果一杯以一百五十毫升計，則懷孕期間一天控制在兩杯以內比較好。

咖啡因來源不限於咖啡，務必留意。例如，日本綠茶玉露每一百毫升就含有一百六十毫克的咖啡因，含量超過咖啡平均含量的二．五倍。其他像是紅茶、烏龍茶、煎茶、焙茶、能量飲料也含有大量咖啡因，孕期盡量少喝。在此提醒，茉莉花茶雖咖啡因含量不多，但具有讓子宮收縮的功效，盡量避免飲用。

## 留意飲食的傳染病

懷孕期間有時免疫功能會下降，容易感染傳染病。因此，基本上要避免生食。尤其是生肉（生火腿、烤牛肉、生拌牛肉、生雞柳等）最好別吃，肉類要充分加熱後再食用。此外，懷孕期間容易不小心感染，會對胎兒有不良影響的傳染病中，最有名的是李斯特菌症（Listeriosis）與弓形蟲（Toxoplasma gondii）。

李斯特菌症會經由天然起司（未殺菌處理的起司）、生火腿、煙燻鮭魚等食品感染。懷孕期間感染的話，如果只是出現感冒的輕微症狀倒還好，若透過胎盤讓胎兒感染，不只會造成早產、流產、死產，可能也會讓胎兒罹患腦膜炎或水腦症（俗稱腦積水），出現精神或運動障礙等。

弓形蟲是食用半熟肉而感染，也會透過貓糞等動物排泄物感染。有些孕婦在整理庭院、或是清理蔬菜，碰觸到混有貓糞的土壤而感染。所以，懷孕期間請避免接觸野外土壤。一旦弓形蟲進到母體，會透過胎盤傳染給胎兒，甚至可能造成流產或死產，也會危害胎兒大腦及眼部。

關於孕婦的傳染病預防，請記住以下的重點：

- 肉類充分加熱後食用（不吃生肉）。
- 不吃天然起司、煙燻鮭魚、生火腿、法式肉醬（pâté）。
- 蔬菜與水果（特別是帶土的蔬果）仔細清洗後再食用。
- 雙手和烹調器具接觸生肉後，都要徹底洗淨。
- 在從事園藝活動時、接觸土壤前都應戴手套，並且結束後洗淨雙手。
- 留意與貓的接觸，避免處理牠們的排泄物。

## 日本的孕婦普遍過瘦

其他的飲食或營養素建議事項統整於表2-2，並非所有內容都有實證，建議事項也和日本稍有不同，比較兩者找出最適合自己的飲食。

當中特別要留意的是，懷孕期間體重增加的標準。日本自古以來流傳一句話「生得小，養得大」，這是指嬰兒出生時體重輕一點比較好，日後再養胖。那是在剖腹產技術不發達的時代，為了降低孕婦因為生產死亡的風險才有的說法。

因為那樣的流言，以及近年女性「想變瘦」的風潮，日本不只是低出生體重兒（出生時體重輕於兩千五百公克）比他國還多，更驚人的是，低出生體重兒的比率還逐年增加（圖2-6）。

經多數研究證實，低出生體重對學業成績、教育程度、收入、健康皆有不良影響。胎兒在母親體內發育時未獲得充分營養，一旦身體習慣了，出生後攝取足夠營養，身體反而不適應，引發糖尿病等生活習慣病，同時提高心肌梗塞等患病風險。

總而言之，懷孕期間的建議飲食內容有很大的差異。只要有懷孕的可能性，即使還沒有具體計畫，也不好預先服用含葉酸等營養素的備孕營養補充品。還有，懷孕

## 表2-2　孕婦的飲食建議基準

| | 日本 | 美國 |
|---|---|---|
| 蛋白質 | 懷孕初期50g／天<br>懷孕中期60g／天<br>懷孕後期75g／天<br>（非懷孕期是50g／天） | 每1kg體重1.1g／天<br>（非懷孕期是0.8g／天） |
| 碳水化合物 | 沒有建議量。<br>非懷孕期女性的基準量（維持一定營養狀態的充足量）<br>攝取熱量的50～65%<br>非懷孕期女性的膳食纖維基準量：17～18g／天以上 | 175g／天（非懷孕期是130g／天）<br>比起白米或麵粉等的精製碳水化合物，建議攝取蔬菜水果、全麥麵粉等非精製碳水化合物。<br>（膳食纖維的攝取量是28g／天以上） |
| 脂質 | 沒有建議量。<br>基準量：n-6脂肪酸9g／天<br>n-3脂肪酸1.8g／天 | 因為沒有充足實證，無法得知。但反式脂肪酸可能會透過胎盤轉移至胎兒，應減少攝取。 |
| 微量營養素 | 建議量〔飲食與營養補充品合計的量〕（1天量）<br>葉酸：480μg<br>鐵：懷孕初期8.5～9mg<br>懷孕中期、後期21～21.5mg<br>鈣：650mg<br>維生素B1：1.3～1.4mg<br>維生素B2：1.5～1.7mg<br>維生素C：110mg<br>維生素A：懷孕初期650～700μgRAE<br>懷孕中期、後期730～780μgRAE | 建議攝取包含以下營養素的營養補充品（1天量）<br>葉酸：400～800μg<br>（懷孕第二期之後是600μg）<br>鐵：27mg<br>鈣：250mg以上<br>碘：150μg<br>維生素D：200～600IU |
| 懷孕期間的增重 | 依指引而異。<br>以下根據：日本婦產科學會周產期委員會（1997年）〔*8〕<br>BMI＜18：10～12kg<br>BMI18～24：7～10kg<br>BMI＞24：5～7kg<br>根據：厚生勞動省「健康親子21」（2006年）<br>BMI＜18.5：9～12kg<br>BMI18.5～25：7～12kg<br>BMI≧25：個別對應 | BMI＜18.5：12.5～18.0kg<br>懷孕13週前是0.5～2.0kg，之後是每週0.5kg<br>BMI18.5～24.9：11.5～16.0kg<br>懷孕13週前是0.5～2.0kg，之後是每週0.5kg<br>BMI25.0～29.9：7.0～11.5kg<br>懷孕13週前是0.5～2.0kg，之後是每週0.25kg<br>BMI≧30：5.0～9.0kg<br>懷孕13週前是0.5～2.0kg，之後是每週0.25kg |

出處：日本的部分，除了體重增加的基準，其餘來自厚生勞動省「日本人的飲食攝取基準（日本人の食事摂取基準2015年版）」〔*10〕，美國的部分來自UpToDate〔*11〕。

## 圖2-6　低出生體重兒的比率變化

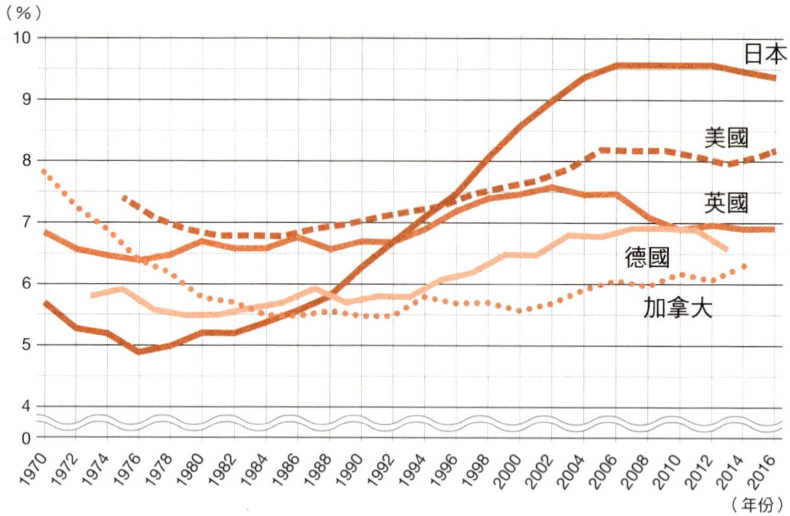


出處：OECD資料

期間未達建議體重，對孩子出生後在學業或健康方面會造成長期的不良影響，為了母子雙方，懷孕的女性請充分攝取營養，並增加至適當體重。

# RULE 3

# 運動

## 實證有效的步行基礎量？

飲食、運動、睡眠、精神狀態（壓力等）是維持健康的四大要素。當然，許多人都已經知道這些事很重要，但實際上有多少人能夠管理得宜呢？

運動有益健康，應該沒人會反駁這個說法。不過，能否實踐又是另一回事。儘管知道是好事，但忙碌沒時間運動的人也很多。或許有人會這麼想：平常上下班已經走了不少路，沒問題啦！

運動的目的因人而異，有的是為了減重，有的是為了發洩壓力。不過，對多數人而言，最重要的就是「為了不生病」吧。那麼，要做多少運動比較不容易生病呢？

相信許多人都聽過「日行萬步有益健康」，據說這個口號源自日本。其實，「一萬步」始終都是毫無根據的數字。

一七八〇年左右，瑞士的鐘錶製造師亞伯拉罕・路易・布雷蓋（Abraham Louis Breguet，常稱寶璣）設計出第一個可測量走路時步數、距離的計步器，而一九六五年日本的鐘錶儀器公司山佐時計計器推出「萬步計」，據說這是日本第一個為一般民眾設計的計步器。當時正逢一九六四年的東京奧運，所以運動、體育風潮正盛，推行「步行運動」或「日行萬步」運動的團體積極推廣走路。但另一方面，為何恰好是一萬步卻沒有任何實證。

後來「日行萬步有益健康」這個想法擴及世界，人們似乎將這個概念視為正確科學主張。

那麼，現在我們從研究結果知道了什麼呢？

二〇一九年五月，哈佛大學公布一項有趣的研究結果。[*1] 二〇一一～一五年，讓約一萬七千名高齡女性（平均年齡七十二歲）穿戴加速規連續七天，測量步數，進行追蹤調查至二〇一七年底，結果發現步數越多的人，死亡率較低。

## 圖3-1　每日步數與死亡率的關係

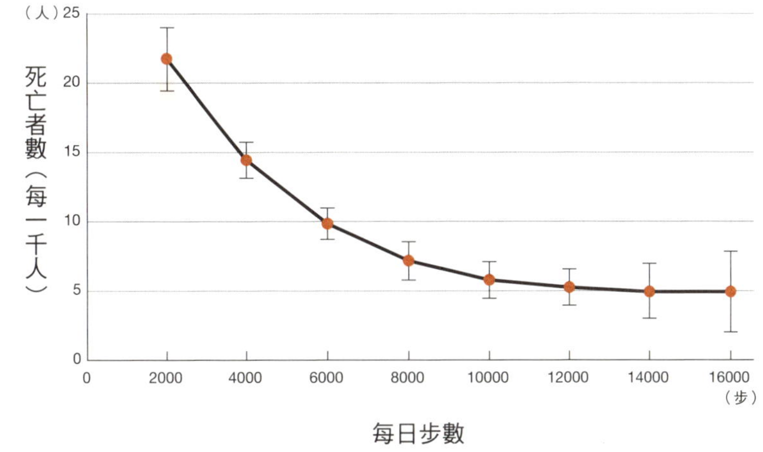


出處：Saint-Maurice PF. 2020

根據二〇二〇年三月發表的研究，[*2] 步行超過七千五百步對健康更有好處。這項研究是分析具代表性的四八四〇名美國人的資料，如圖3-1所示，每日步數越多、直到達到一萬兩千步死亡率較低。圖3-1經由以統計方法去除年齡、性別、飲食內容、肥胖度、飲酒量或吸菸量等影響，評估每日步數與死亡率的關係。

不過，一天走超過一萬兩千步，對健康並沒有太大好處。也就是說，以死亡率的觀點來看，「日行萬步」並非正確的說法。即使步數少一點，對健康依然有很大的好處。在體力允許的範圍內，以一萬兩千步為目標即可。

當然，死亡率之外，體重或血糖值等也是重要的健康指標。步數對於後者的影響或許不同。此外，這是以美國人為對象進行調查的資料，日本人的結果可能有異。即便如此，這對重新檢視我們的生活習慣也算是有幫助的資料。

## 時間最好的投資：持續每日步行

那麼，實際上日本人一天走多少步呢？

二〇一七年，史丹佛大學的研究人員分析世界一百一十一國約七十萬人手機內建的加速規資料，研究各國的人一天平均走幾步。[*3] 結果顯示，日本人一天走約六〇一〇步，在這項調查的國家之中，日本是繼香港、中國、烏克蘭之後第四多（圖3-2）。

更精確的統計（國民健康營養調查）也指出日本人平均一天走六二七八步，為了達成前文研究導出的目標值一天一萬兩千步，一天只要再多走六千步就行。以時間換算是一·〇五小時，距離是四·二公里。如果覺得有困難，由於已有報告指出一天走

## 圖3-2　各國的每日行走步數（分析手機應用程式的資料）

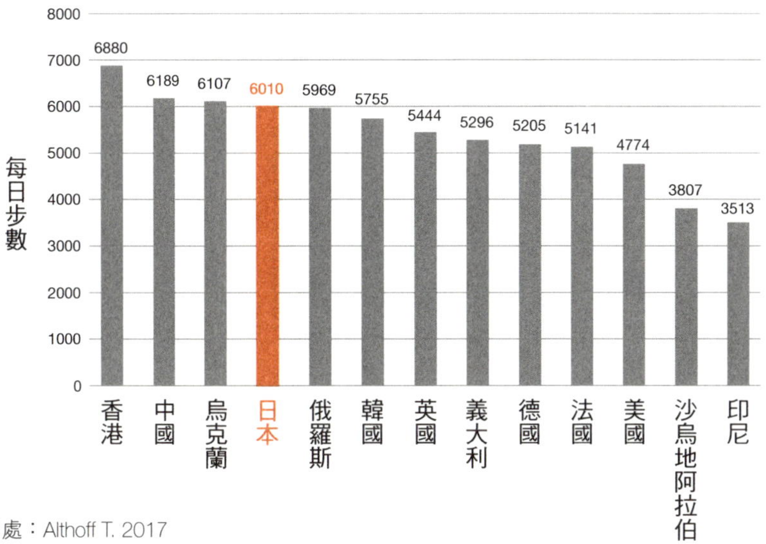


出處：Althoff T. 2017

**一萬兩千步左右會降低死亡率**，建議在自己能力範圍內增加步數。

相信有慢跑習慣的人也不少，有研究結果指出，[*4] **定期慢跑的人比沒在慢跑的人，壽命多出約三年**。進行這項研究的研究人員接受《紐約時報》採訪時說「慢跑一小時，壽命延長七小時」。當然，不是跑越久就能更長壽，但對於抱怨時間不夠用的人，慢跑一小時能夠延長七小時的壽命是回報很大的「投資」。

## 保持健康所需的最低限度運動

最後要說明的是，美國的身體活動指引建議的運動（身體活動）量。根據美國的身體活動指引，為了維持健康，[*5]建議成人每週進行一百五十～三百分鐘的中強度運動（像是快走或上下樓梯等運動，但存在個人差異），或是每週七十五～一百五十分鐘的高強度有氧運動（如慢跑）。另外，再加上每週兩次（使用身體所有主要肌肉的）肌力訓練，對健康會有附加好處。

這個數據的根據是圖3-3。圖中縱軸代表死亡率，橫軸是運動量，顯示出運動量越多，死亡率較低。但請注意一件事，平常完全不運動的人稍微做些運動，能夠獲得的健康好處最大。運動超過每週一百五十～三百分鐘，健康的附加好處會變小，建議保持這個區間的運動量。

有一件事必須注意，如果不控制飲食，只想靠運動減重，那麼每週一百五十分鐘的運動應該不夠。運動與體重的關係請參閱RULE 4。

不過，就算一直聽到運動對身體好，難以持續的人仍很多。但從這些研究結果來

## 圖3-3　每週進行150分鐘的中強度運動，死亡率會下降

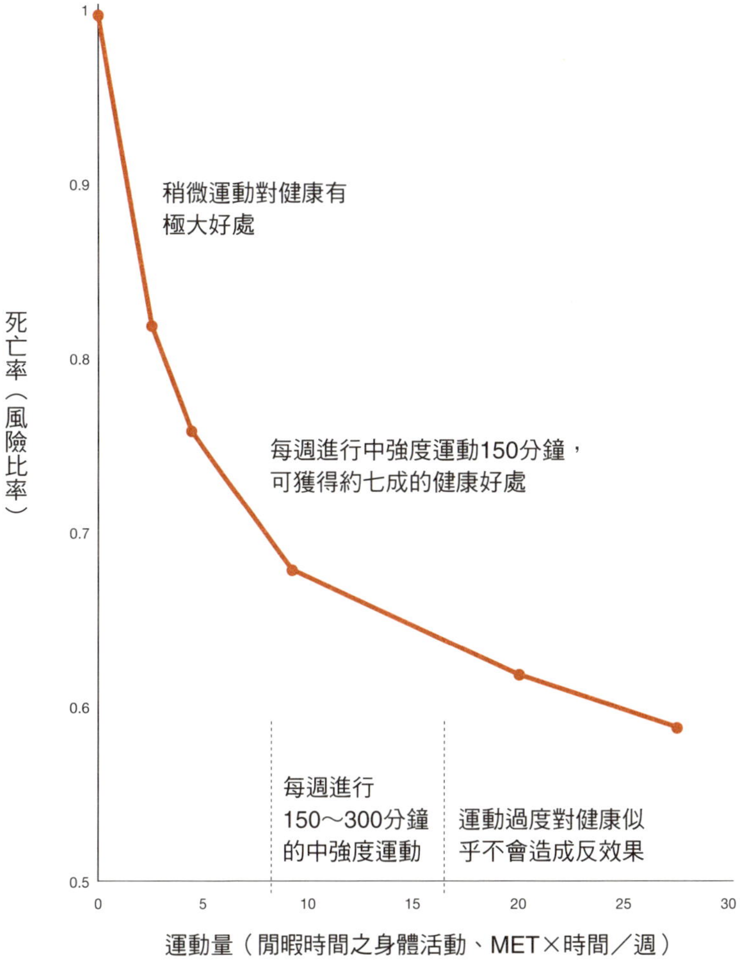


出處：Moore SC.2012〔*6〕

看，運動確實能預防疾病、延長壽命。尤其是不愛運動的人，只要稍微做一些運動就能夠獲得很大的健康好處。或許很難立刻達到身體活動指引建議的運動量，但就算只有一點點也好，希望各位增加每天的步行量。走路能紓解壓力，也會讓你覺得身體狀況變好，或許會成為持續運動的好契機。

## RULES

- 雖然步數越多，死亡率越降低，但一天走超過一萬兩千步不會影響死亡率。
- 日本人平均一天走六千步，再增加一些步數可望提升健康效果。
- 一天慢跑一小時，壽命延長七小時。
- 平常完全不運動的人稍微做些運動，能夠得到最大的健康好處。

RULE 4

# 減重

## 肥胖是疾病的根源

目前已知肥胖會提升罹患第二型糖尿病或腦梗塞、心肌梗塞、癌症等疾病的風險。各位應該都聽過ＢＭＩ，用體重（公斤）除以身高（公尺）的平方即可算出，被廣泛用於檢視胖瘦的指標。根據ＷＨＯ的定義，ＢＭＩ落在二五～三〇之間是「過重」，而三〇以上是「肥胖」。日本肥胖研究組織ＪＡＳＳＯ則是將ＢＭＩ二五以上定義為肥胖。

例如有位男性高一百七十公分、重七十五公斤，其ＢＭＩ就已達肥胖，計算如下：

75÷（1.7m×1.7m）＝25.95

雖然太瘦也會提高生病的風險，但肥胖更是疾病的根源。減重除了讓外型變好看，在健康方面更是重要。

電視上充斥著許多「減重方法」的資訊，書店裡也擺滿主打有效瘦身的方法書，但那些並非全都是根據實證的內容，有些只是個人經驗，不一定對其他人有相同效果，或是內容根本偏題，資訊品質低落。嘗試沒有效的減重方法，不只是浪費時間金錢，錯誤的方法還可能危及健康。想要有效減重就得區辨出正確資訊。

目前市面上的減重書籍不外乎主張：①用嶄新的方法，②能夠輕鬆變瘦。也許這是因為要有話題性，銷路才會好。在此提醒減重的原理：只要消耗熱量大於攝取熱量就會變瘦，是很簡單的「減法」概念。的確，想變瘦的話應該記住有效減少攝取熱量的方法、或增加消耗熱量的方法。但這很理所當然，假如書名是「想變瘦就要減少攝取的熱量」，這樣的書大概沒人想看。講述正確觀念的書賣不掉，新奇、具話題性的書就算內容不正確，也賣得好。這種現況實在很諷刺。

先說結論：如果目標是減重，那麼改變飲食的效果會比運動明顯。

## 最新：不同飲食習慣對體重的影響

相信各位都聽過，只要減少攝取熱量就會變瘦，或只要增加消耗熱量就會變瘦之類的說法。但請仔細想想，如果單憑熱量攝取的多寡就會讓我們變胖或變瘦，吃一百大卡的草莓鮮奶油蛋糕或生菜沙拉，理論上對體重的影響應該相同。不過，我們從經驗中知道實際上這兩種食物對體重的影響不一樣。所以計算熱量（卡路里）的減重方法不正確，因為即使熱量或醣量相同，對身體的影響並不同。

在此介紹哈佛大學公共衛生學院研究團隊進行的兩項研究。

第一項研究是針對約十二萬名美國人進行十二～二十年的追蹤調查，評估飲食生活的變化與體重變化的關係。[*1] 資料是每四年為一個區間，分析在此期間的飲食變化（四年內的飲食增減）與體重變化（四年內的體重變化）的關係。結果如圖4-1所示，炸薯條或薯片攝取量增加的人，體重也跟著增加。優格或堅果類攝取量增加的人，體重減少。

有趣的是，即使是相同食材，依加工方法不同，對體重的影響也截然不同。例如

## 圖4-1　飲食內容的變化與體重變化的關係

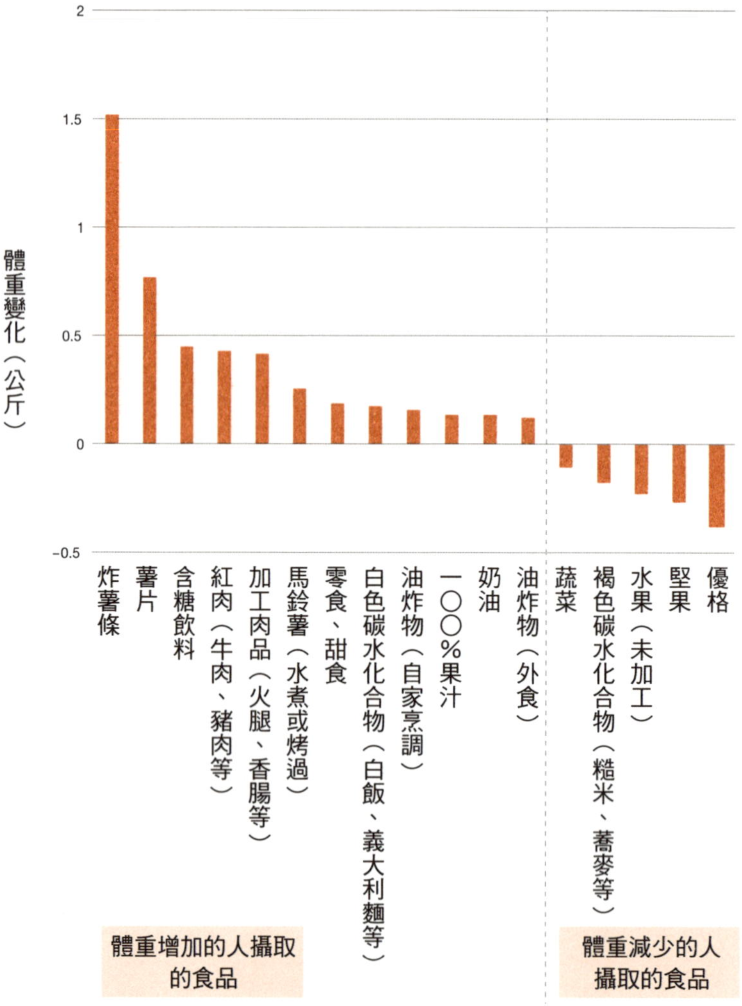


注：縱軸代表4年內的體重變化。

出處：作者參考Mozaffarian D. 2011所製成

麵包、義大利麵、白飯等「白色（精製）碳水化合物」攝取量增加的人，體重隨之增加。而全麥麵粉、糙米、燕麥等「褐色（非精製）碳水化合物」攝取量增加的人，體重減少。百分之百純果汁攝取量增加的人變胖，（未加工）新鮮水果攝取量增加的人變瘦。至於坊間流傳吃多會變胖的堅果類，攝取量增加的人其實越趨變瘦。近年有許多人在日本主張吃「紅肉不易發胖（牛肉或豬肉）」，實際上，攝取量增加的人反而變胖了。

## 胖水果與瘦水果

第二項研究[*2]是同一個研究團隊追蹤了約十三萬名美國人，評估其體重是否會隨著蔬菜與水果的種類而改變。前項研究是評估整體飲食，而這項研究則是鎖定蔬菜與水果進行更詳細的分析。結果顯示，蔬菜或水果的種類對體重的影響有異（圖4-2）。

馬鈴薯、玉米、豌豆等澱粉含量多的蔬菜，攝取量多的人有變胖的傾向。攝取膳

## 圖4-2　蔬菜攝取量與體重變化的關係

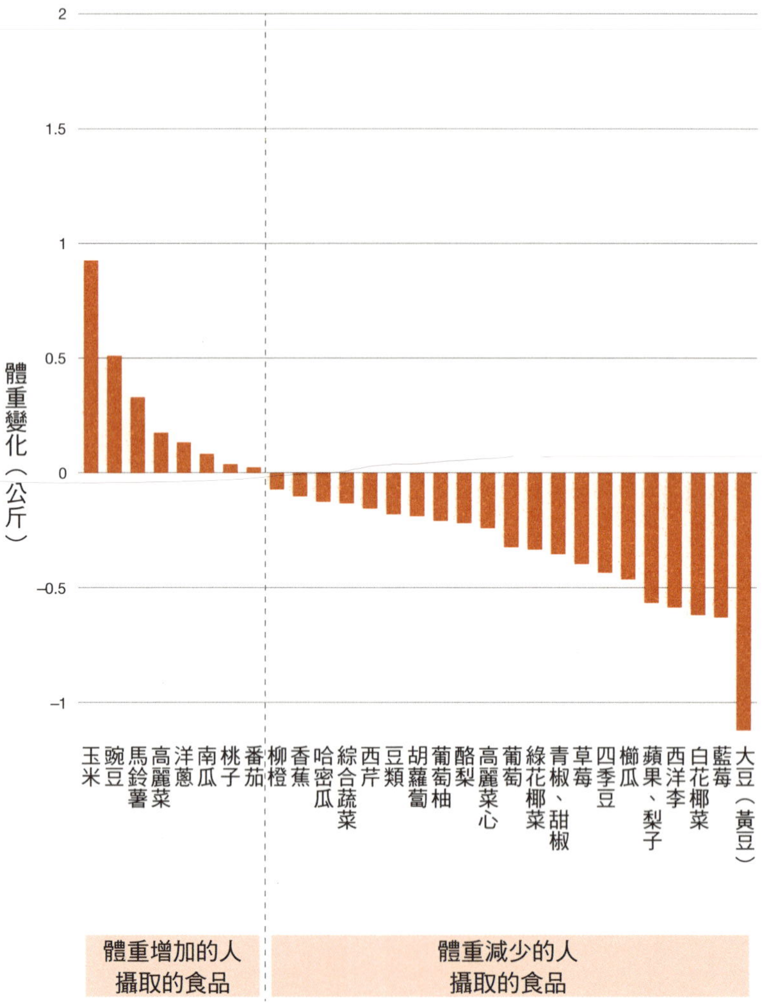


注：縱軸代表4年內的體重變化。

出處：作者參考Bertoia ML. 2015製成

食纖維含量豐富，升糖負荷（GL）[7]低的蔬菜有變瘦的傾向。具體來說，瘦的人常吃的水果有藍莓、西洋李、蘋果、梨子、草莓等。而蔬菜類當中，多攝取大豆、白花椰菜、櫛瓜、四季豆、青椒、綠花椰菜的人，往往較瘦。

不過，這兩項研究純粹追蹤進行某種飲食生活的人，評估他們的體重變化。除了總攝取熱量，還使用了統計方法來消除與其他生活習慣有關的影響，如運動量、白天坐著或看電視的時間，吸菸習慣、睡眠時間等。換句話說，就是對生活方式相似但飲食習慣不同的人進行比較。此外，有關蔬菜水果的第二項研究，同樣是以統計方法消除與飲食有關的其他因素（除蔬菜和水果以外的飲食內容）的影響。（第二項沒有消除攝取熱量的影響，因為熱量含量本身會隨著水果和蔬菜的種類而變化）。

即使採用如此精細的統計方法，遺憾的是，結果並不周全。研究者收集資料時，對於飲食生活健康與不健康的人的運動習慣或吸菸之外的其他要素（個人的健康意識等也不同），無法以統計方法完全消除影響。也就是說，這些研究無法斷言具有因果

---

7 升糖指數（GI值）×食品的碳水化合物含量／100，最近被認為是比GI值更可信的指標。

關係。但，觀察胖的人與瘦的人的飲食內容也有許多地方值得參考。在飲食的影響方面，雖然可能有個人差異，但試著改變自己的飲食內容，觀察體重有何變化也不錯。

順帶一提，這兩項研究的對象都不是一般民眾，而是護理師與醫師。這麼做並非只想研究醫療從業人員，而是因為這類研究需要能長期參與、持續提供資料的人。醫療從業人員能夠理解這種研究的意義，也具有醫學知識可正確理解問題，認真持續地提供資料，所以被選為研究對象。

## 瘦得快但風險也高：減醣飲食

那麼，近年流行的「減醣飲食」又是如何呢？

雖然已經蔚為潮流，但筆者並不推薦這種方式。[*3] 這或許能達到減重目的，但有報告指出會提高死亡率，有危害健康的風險。而且，減醣確實能在短期內減少體重或腰圍，但目前發現一般人難以持續六個月以上。

接下來針對「碳水化合物」說明從研究發現。

米飯、麵包、麵類等碳水化合物在飲食中佔最大比例，一般認為碳水化合物對身體不好，吃了會變胖，經常把它視為不良食品。其實這是誤解，最新的科學研究指出，只要選對碳水化合物，我們可以更健康，並且不必挨餓就變瘦。

在 RULE 2 也曾提到，碳水化合物分為兩種：白飯或麵粉等「精製的白色碳水化合物」，與糙米飯或全麥麵粉、蕎麥等「非精製的褐色碳水化合物」。前者有害健康，後者有益健康，對人體影響是大相逕庭。常吃白色碳水化合物的人，罹患糖尿病的風險較高，死亡率亦然。另一方面，常吃褐色碳水化合物的人，罹患糖尿病的風險較低，大腸癌的風險與死亡率也較低。這是因為米的外層等所含的非水溶性膳食纖維與其他營養素有益健康。

## 好的碳水化合物，讓你越吃越瘦

實際上，評估碳水化合物攝取量與死亡率的關係呈現U字曲線。也就是說，碳水化合物的攝取量過多或過少都會危害健康。

## 圖4-3　碳水化合物的攝取比率與死亡風險的關係

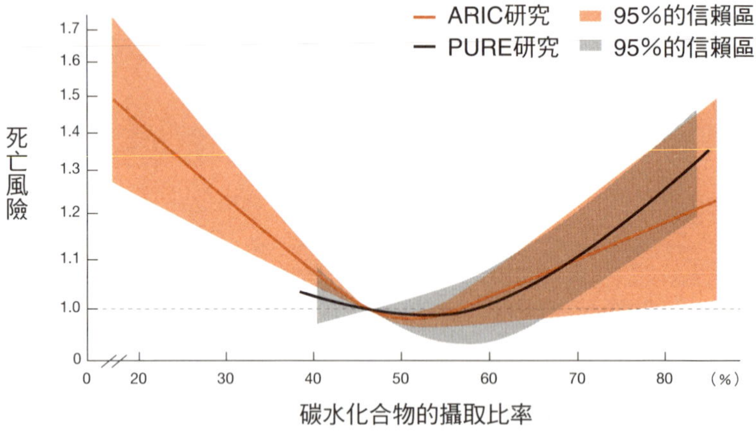


出處：Seidelmann SB. 2018

進一步檢視這項研究，可以看到在動物性蛋白質、脂肪攝取量多的人之中，進行減醣飲食的人的總死亡率、心肌梗塞等疾病的死亡率、糖尿病的發病風險較高。反之，植物性蛋白質、脂肪攝取量多的人之中，進行減醣飲食的人的總死亡率、心肌梗塞等疾病的死亡率、糖尿病的發病風險較低（圖4-3）。

節食很難實行，因為人只要不吃東西就會感到飢餓。當你少吃某樣東西時，你往往會吃別的東西來防止自己挨餓。進行減醣飲食的人之中，許多人為了提高飽足感而增加肉類等蛋白質的攝取，但肉吃太多也會使大腸癌的風險上升，對健康有不良影響。這麼說來，減少攝取富含非水溶性膳食纖維的「褐色碳水化合物」也是提高大腸癌風險的原因。身材變苗條，罹患大腸癌的風險卻提高，很少人會覺得這是好事吧。多數人應該都不想用這種「雙面刃」的減重方法變瘦，而是希望在不提高罹癌風險的狀態下健康變瘦。

這時候，「褐色碳水化合物」就是神隊友。有研究結果指出，將白色碳水化合物換成褐色碳水化合物，不只有益健康，也能有效減重。

## 減醣飲食容易復胖

減醣飲食會較快出現減重效果，許多人都覺得這是好方法。不過，很少人知道那只是一時的效果，難以長期維持。

有一項研究比較了減少碳水化合物攝取量的減醣飲食，以及減少脂肪攝取量的低脂飲食（圖4-4），結果顯示在六個月的短期追蹤調查期間，減醣飲食的減重效果確實勝出[*4]。

圖4-4　減醣飲食在短期內可有效減重

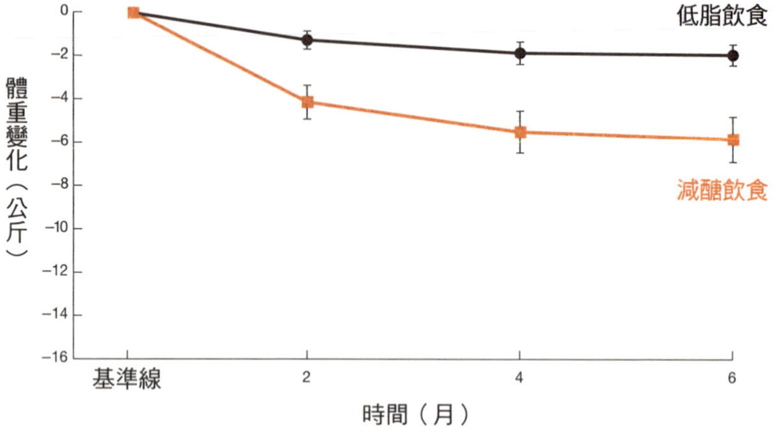


出處：Samaha FF. 2003

但經過一年的時間，兩組之間幾乎沒什麼差異（圖4-5）[＊5]。

而且再檢視資料可以看出一年後兩組都有約四成的人無法持續。也就是說，減醣飲食是難以持久進行的飲食方式。

比起低脂飲食，減醣飲食也是副作用多的飲食方式。因為缺少非水溶性膳食纖維的攝取，約七成的人有便祕問題，六成的人會頭痛，是產生許多副作用的減重方法（見表4-1）。[＊6] 綜合上述可推測，減醣飲食在醫學上是不太推薦的飲食方式。

圖4-5　減醣飲食未出現長期減重的效果

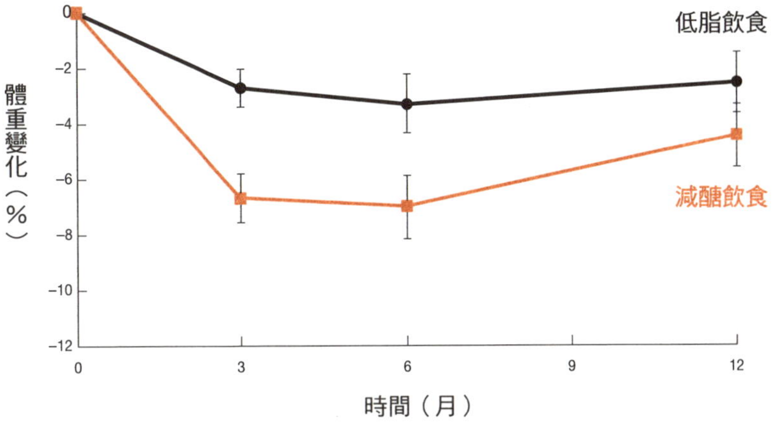


出處：Foster GD. 2003

## 糙米吃出纖腰

許多研究報告都指出，糙米具備了不可勝數的好處。

例如，有項印度的研究雖然受試者較少，[*7] 發現比起白飯，糙米飯會讓血糖值的上升幅度減少約二〇％。糙米會降低罹患糖尿病的風險，有助減重。那是因為它能讓血糖值上升的速度變得緩慢。韓國進行的研究結果顯示，[*8] 攝取糙米外皮（正確來說是粗糠）會使腰圍變小。

在日本進行的實驗也指出，將白飯換成糙米飯，不只是血糖值與胰島素分泌量減少，血管內皮（內皮細胞）的狀態也會

## 表4-1　減醣飲食的副作用比低脂飲食多

| | 減醣飲食 | 低脂飲食 | P值 |
|---|---|---|---|
| 便祕 | 68% | 35% | 0.001 |
| 腹瀉 | 23% | 7% | 0.02 |
| 頭痛 | 60% | 40% | 0.03 |
| 口臭 | 38% | 8% | 0.001 |
| 肌肉痙攣 | 35% | 7% | 0.001 |
| 肌肉無力 | 25% | 8% | 0.01 |
| 起疹子 | 13% | 0% | 0.006 |

出處：Yancy Jr. WS. 2004

**改善**。

改變飲食雖然不容易，只要將平常吃的白米換成糙米即可，應該不少人覺得能夠做到。如果突然全部改變很難的話，試著先把一天之中的一餐從白飯換成糙米飯。這個方法不必忍受饑餓，可以長期持續進行。光是這麼做，短期內腰圍會變細，排便變得順暢。長期下來會降低罹患糖尿病、腦梗塞、大腸癌等疾病的風險（不是外在變化，但罹病風險確實下降）。不習慣吃糙米的人，可嘗試**靜置發酵的發酵糙米**。

或許有人曾經聽過糙米有毒（植酸或離層酸），未發芽食用會危害身體的說法。但，這缺乏實證、實屬傳聞。過去在動物實驗階段或許出現過離層酸有害健康的報告，那樣的說法被以假亂真並四處流傳。已有研究結果指出，[＊9] 口服從水果萃取的離層酸改善高血糖或高胰島素血症，離層酸可能有益健康這件事目前仍在研究中。

有些人擔心糙米所含的砷對身體有不良影響，的確糙米的砷含量比白米多，擔心的人先將糙米用滾水泡五分鐘，再用新水炊煮就能有效去除當中所含的砷。[＊10] 這麼一來就不必擔心砷的影響，又能降低罹患糖尿病或大腸癌的風險。

## 只靠運動的減重效果

那麼，運動減重有多少效果呢？有些人不太想控制飲食，想靠增加運動量減重。不過，已有研究指出不控制飲食只靠運動很難減重。

統合八十項研究評估的結果，[＊11] 飲食控制或飲食控制合併運動能夠有效減去體重，但（不控制飲食的）運動幾乎不會減少體重（圖4-6）。

圖4-6　不同減重手段下的體重變化

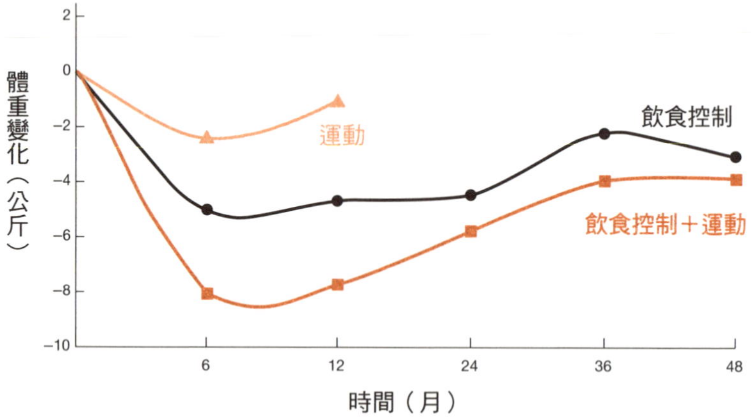


出處：Franz MJ. 2007

## 為何運動對減重沒什麼效果呢？

就連醫學界過去也一直相信，體重的增減取決於攝取熱量與消耗熱量。一公斤的脂肪是九千大卡，脂肪細胞有八成是脂質，剩下兩成是水分或其他物質，要減掉一公斤脂肪必須消耗七千兩百大卡。

不過，人類多數消耗的熱量是基礎代謝（為了維持生命活動，即使沒做任何事也會消耗的熱量），以及與飲食有關的代謝（進食的咀嚼、消化、吸收消耗的熱量），運動消耗的熱量只佔整體的一〇～三〇％。人類攝取的熱量都是自己吃下肚的東西，可以完全自行控制，但消耗的熱量只有一〇～三〇%能夠自行控制。

多數人日常生活中許多時間都是坐著度過，消耗熱量少，若能多活動身體就能增加消耗熱量。但，這種想法也被指出是誤解。有一項研究[*12]調查東非坦尚尼亞中北部的原住民族哈扎族（Hadza）的代謝。哈扎族是狩獵採集民族，平常身體活動量大，按理說消耗熱量也很多——這是該項研究做出假設。然而實際量測後發現，哈扎族與歐美人的消耗熱量沒什麼不同。因為大部分的消耗熱量是基礎代謝，所以即便增加身體活動量，消耗熱量也沒有變多。

## 純運動、純控制飲食的瘦身效果實證

靠運動增加消耗熱量時，攝取的熱量不變，理論上會變瘦，但其實兩者有所關聯。一般來說，運動後會肚子餓，因此進食量增加，攝取熱量也會增加。[*13]而且，運動後為了讓身體休息，躺著的時間也會增加，日常生活的身體活動量可能減少。[*14、15]

目前已知運動會讓基礎代謝率下降，這是為了不讓能量變成負的狀態而停止代謝的機制。[*16] 正如原始人面臨著餓死的高風險一樣，在整個人類歷史上也存在著卡路里攝入不足的問題。直到近年進入飽食時代，攝取熱量才多於消耗熱量。長期持續能量負平衡的狀態會有生命危險，因此人體自然降低基礎代謝力保持能量平衡。

那麼，不控制飲食只靠運動就不可能變瘦嗎？那倒未必，但只想靠運動變瘦，需要一定的運動量。例如，有項研究以五十二名肥胖男性為對象，[*17] 只運動的組別和控制飲食（熱量）的組別，體重減幅相同。但其中只運動的組別一天進行六十分鐘（七百大卡）的運動，這是比一般建議每週進行一百五十分鐘運動（維持健康的建議運動量，請參閱RULE 3）還多的運動量。

另外還有其他相似的研究結果，根據這些結果，美國運動醫學會（ACSM）與美國糖尿病學會發表共同聲明：「只想靠運動減重的話，一天可能必須進行六十分鐘以上的運動。」[*18]

有更多其他研究結果也告訴我們，[*19] 即使減重成功，為了維持體重，必須有相當的運動量。具體來說，每公斤體重每日需要十一～十二大卡的運動量。[*20]

## 有氧運動瘦得更持久

運動的種類對體重的影響也不同。有研究比較了有氧運動與肌力訓練，[*21]發現做有氧運動的組別，八個月後的體重減少幅度大。有氧運動加上肌力訓練的組別和只做有氧運動的組別，體重變化沒有差別。這項研究也顯示出，運動只會稍微減少體重，只靠運動難以減重。

不過，即使運動不易減重，但透過運動增加肌肉量，能夠減少腰圍、讓身型變苗條。此外，RULE 3 也有提到，運動會降低罹患糖尿病、高血壓、失智等疾病的風險，[*22]能夠健康長壽。

綜上所述，運動有很多好處，所以希望各位盡可能將它融入到日常生活中，但要知道在減肥方面效果有限。

不要因為做了運動，體重遲遲沒降下來，覺得沒意義便想放棄。運動有各種健康上的好處，能夠讓你的生活變得更美好。

RULES

- 熱量的質勝於量。
- 減醣飲食不只有害身體，復胖的可能性也很高。
- 運動的減重效果有限，不過能促進健康，所以運動很重要。

COLUMN 2

# 三高（代謝症候群）健檢

## 接受三高健檢真的能變健康嗎？

各位做過三高健檢嗎？

有些人會因為三高健檢的結果改變生活習慣，做健檢前突然進行嚴格的飲食控制或運動，勉強達成標準的數字，之後復胖的人不在少數。

令許多人忽喜忽憂的三高健檢，真的對我們的健康有幫助嗎？

「健檢」（健康檢查）的目的在於，及早發現與生活習慣有關的各種疾病的危險因子，如肥胖或高血壓；而「篩檢」的目的是及早發現特定疾病，像是癌症篩檢。

「健檢」之一的三高健檢在日本是二〇〇八年開始施行的全國性的保健事業，正式名稱是「特定健康檢查與特定保健指導」。最大特徵是鎖定代謝症候群（內臟脂肪多，容易罹患糖尿病或高血壓等生活習慣病）實施健檢及指導。根據二〇一七年的資料，日本全國約五千四百萬人成為三高健檢的對象，當中五三%約兩千九百萬人實際接受檢查。

三高健檢是測量腰圍與BMI，加上血液檢查的血糖或膽固醇數值、血壓、菸齡，評估健康方面的風險。然後，針對風險進行①提供資訊、②提供動力支持（個別面談或團體支援，原則上進行一次個別面談或團體支援，六個月後進行評估）、③積極支援（由醫師或保健師進行連續三個月以上的指導，六個月後評估成果）。希望透過調整生活習慣或醫院方面的治療，改善受檢者的健康。

但令人驚訝的是，三高健檢對促進健康的效果是零，或是微乎其微。

日本厚生勞動省公布的資料提到，「比起沒接受健檢的人，接受健檢的人隔年變瘦，或醫療費用減少」。[＊1] 但這些資料存在著重大問題。這些報告將接受三高健檢後確實接受指導的人（健康意識較高）、與未接受指導敷衍了事的人（健康意識較低）互相比較，因此其所呈現的並非三高健檢，而只是健康意識的差異造成影響。因此，無法藉此判斷三高健檢對健康的影響。

這類「與生活習慣病相關的健檢實施，在改善健康方面的成效」研究，如今在世界各國有愈來愈多高品質研究。

關於健檢，最有名的研究應該是在北歐丹麥哥本哈根市郊進行的實驗。[*2] 這項實驗是將年齡在三十～六十歲之間、共約六萬名居民，隨機分為接受健檢的組別（約一萬兩千人）與未接受健檢的組別（約四萬八千人）。接受健檢的組別除了各種檢查，還提供風險評估，以及數次關於生活習慣的諮詢。針對這些集團進行十年的追蹤，評估健康狀態。

驚人的是，研究結果發現，**接受健檢（＋諮詢）的組別與未接受健檢的組別之間，因心肌梗塞或腦梗塞之類的動脈硬化疾病發病率或死亡率沒有差異**（圖4-7）。

二〇一九年一項就健檢（包含接受指導與未接受指導）的效果、採納十五篇研究（受試者有二五萬一八一九人）的統合分析表明，總死亡率、心肌梗塞或腦梗塞造成的死亡率、缺血性心臟病（冠狀動脈疾病）或腦中風的發病率，接受健檢與未接受健檢的組別之間沒有差異[*3]。

或許有人會想，這只是類似三高健檢的他國健檢案例。一旦接受指導，生性認真

## 圖4-7 在丹麥進行的實證實驗，未驗證「健檢可改善健康」

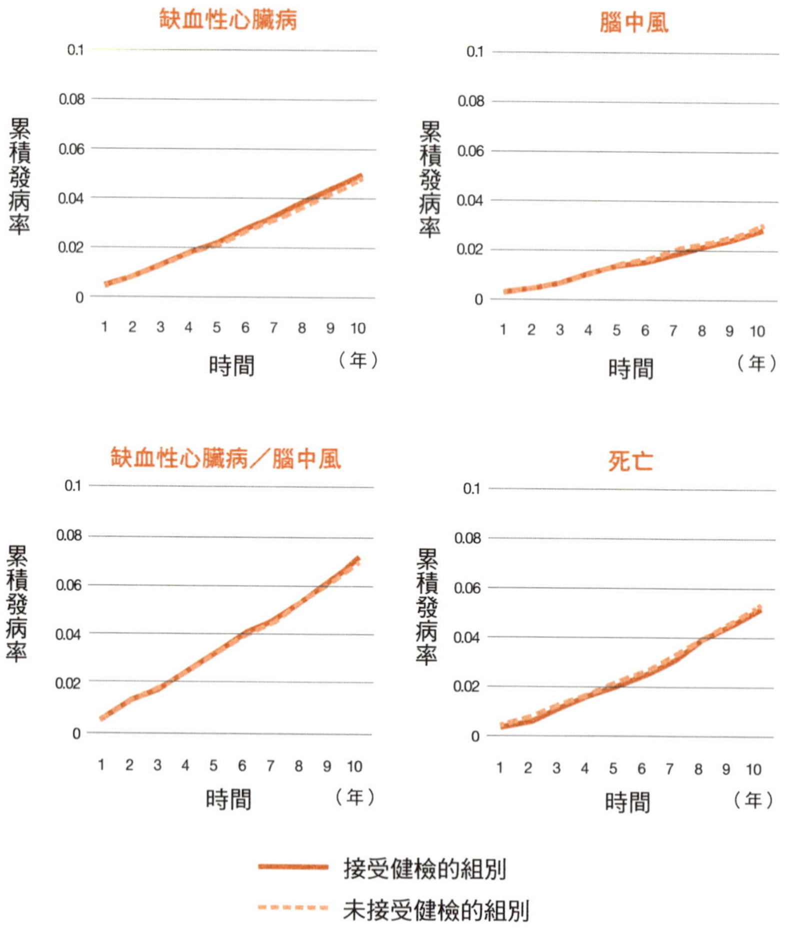


出處：Jørgensen T. 2014

的日本人會改變生活習慣，所以結果會不同。日本的三高健檢對健康造成的影響的相關研究，至今進行了四項。接下來介紹當中品質較高、結果具可信度的兩項研究。

第一項是筆者的研究團隊在二〇二〇年進行的，[*4] 探討三高健檢後接受保健指導的人，健康方面有多少改變。在三高健檢中，如腰圍大於臨界值（區分一個人是否罹患「三高」的數值），則被診斷為三高並接受保健指導的機率會提高。男性的腰圍臨界值是八十五公分、女性是九十公分。儘管腰圍臨界值的臨近範圍（男性是八十四公分與八十六公分），接受保健指導的機率有很大差異（腰圍臨界值是隨意選擇，這個範圍的健康風險不會有急劇變化），但健康意識等其他要因幾乎相同。我們利用這點來檢驗腰圍切點值上下範圍的人之後的健康資料出現怎樣的變化。結果，儘管腰圍或體重等有輕度改善（體重減少兩百九十克、ＢＭＩ減少〇・一〇、腰圍減少三・四毫米），血壓、血糖、脂質等的資料並未獲得改善。結論是即使認同肥胖的改善，但因為改善率太小，是否具有臨床意義上的改善則抱持存疑態度。

第二項研究是學習院大學的鈴木亘等人在二〇一五年進行的經濟學研究，[*5] 結果發現，即使成為特定保健指導的對象，腰圍沒有改變或減少。即使減少，按年計算也只有〇．三％左右。ＢＭＩ方面，儘管在統計上有顯著差異，但影響仍很小，按年計算約〇．四～〇．五％。而且，糖化血色素（HbA1c，過去一～兩個月的平均血糖值）、中性脂肪、「ＨＤＬ－高密度脂蛋白」膽固醇、血壓等檢查數據皆不支持指導效果。

就算使用不同資料與分析方法，兩項研究幾乎是相同結果——即三高健檢的保健指導，改善健康的效果相當小（或是沒有）。

據估計，受保人負擔的總成本在二〇〇八～一一年期間，推估達到約兩千兩百六十九億日圓。[＊6] 光是國家財政負擔，一年要投入兩百億日圓以上的稅金。血液檢查的資料或血壓不見改善，ＢＭＩ的減幅極小，日本政府或許該重新檢討這個政策是否值得持續投入巨額保險費或稅金。

# RULE 5

# 酒與菸

## 酒

### 只喝一點點，是養身還傷身？

相信不少人把喝酒當成人生樂趣，有些是因為喝了酒覺得心情好，可以紓壓，有些是喜歡和知心好友把酒言歡的氣氛，有些因為工作幾乎每晚要和公司的同事或客戶應酬喝酒，而對這些人而言，主要擔憂不外乎是「喝酒是不是很傷身？」這個問題多少會令人擔憂。

說到酒，也是就是酒精，除了有害健康，也有「只要酌量反而對身體好」這類傳聞，很多人不清楚究竟是真是假。其實，那都是合理的說法。從多項研究結果可以推斷飲酒的優缺點，但因為兩件事完全相反，因此才得出如此不明確的結論。有報告指出，腦梗塞或心肌梗塞等因動脈硬化造成血管堵塞的疾病，若是大量的酒精會提高風險，少量反而會降低風險。癌症方面，即使少量的酒精也會提高風險（飲酒量越多，風險就越高）。酒精對身體的影響因為疾病的種類而不同，導致「少量的酒精對身體好」與「即使少量也會危害健康」相互矛盾的資訊並存。理解這點後，我們再進一步談談關於酒精的事。

## 小酌能降低腦梗塞、心肌梗塞的罹病風險，仍未證實

其實「酌量飲酒有益健康」的傳聞，是來自法國人飲食生活的某個現象。一直以來我們都知道攝取脂肪、吸菸造成的動脈硬化，會引發腦梗塞或心肌梗塞。但法國人大量攝取奶油等有害健康的脂肪，吸菸率也很高，死於心肌梗塞的人卻比鄰近諸國少，這被稱為「法國悖論」（French paradox）。對此現象，後來則有了「法國人葡萄酒攝取量多，對健康產生幫助」的假設。

後來，一些研究報告顯示，若是少量的酒精，因動脈硬化疾病死亡的機率可能減少。於是，人們相信「少量酒精有益健康」這個說法。例如，二〇一八年全球具權威性的醫學期刊《刺胳針》（*The Lancet*）刊登了一篇論文，[＊1]對八十三項研究結果進行統合分析，並確知酒精攝取量在每週一百公克以內，因腦梗塞或心肌梗塞死亡的風險不會提高。

不過，有件事必須注意，目前並不清楚酒精能否降低腦梗塞或心肌梗塞的風險（因果關係），或只是有喝酒習慣的人腦梗塞或心肌梗塞的風險較低（相關性）。受到遺傳基因影響，有些人酒量好，有些人酒量差，喝了酒馬上臉紅（酒精不耐症）。喝了酒會覺得不舒服的人，飲酒量自然少。若是有酒精代謝基因的人，腦梗塞或心肌梗塞的風險較低，那麼少量飲酒者的風險可能也會變低。[＊2]那篇論文的研究結果認為，少量的酒精不會提高腦梗塞或心肌梗塞的風險，反倒是有益健康。那麼，酒精對其他疾病又會造成怎樣的影響呢？

## 綜合結論：不喝更健康

實際上，就算是少量的酒精也可能提高罹癌風險（特別是乳癌）。也就是說，少量酒精是否有益健康，在對動脈硬化的影響與對癌症的影響之間呈現拉鋸戰。二〇一八年醫學期刊《刺胳針》刊登了一篇論文，[＊3]評估了這兩種疾病對健康方面有怎樣的綜合影響。

這篇論文是對世界一百九十五國進行的五百九十二項研究做統合分析，全面評估酒精對二十三項健康指標造成的影響，包含心肌梗塞與乳癌。

看到論文中刊登的圖表（圖5-1），或許有些讀者會覺得奇怪，乍看之下一天一杯酒幾乎不會提高風險。順帶一提，圖中的一杯是指純酒精重量十公克，十公克的純酒精相當於一杯葡萄酒或啤酒。

在論文中關於讓健康風險最小化的飲酒量，最值得信任的數值是零杯，九五％的概率落在零~〇．八杯之間。根據這個結果，許多人主張「最有益健康的飲酒量是零」，但筆者認為「一杯以內不會提高風險」這樣的解釋比較適當。

## 圖5-1　酒精攝取量與罹患酒精相關疾病的風險的關係

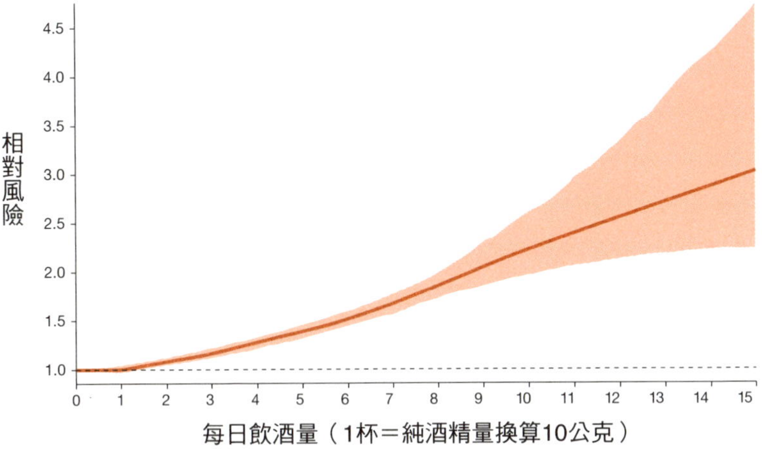


出處：GBD 2016 Alcohol Collaborators. 2018

從疾病類別來看（圖5-2），少量飲酒的人罹患心肌梗塞的風險較低（男性和女性分別少於每日〇．八三杯／〇．九二杯的風險最低），一旦多於某種程度，風險隨之提高。

至於女性方面，只要少量飲酒，乳癌或結核病的風險就會提高。男性的資料也有類似結果（男性的情況不是乳癌，而是口腔癌的風險提高）。

也就是說，一天一杯的少量酒精，罹患心肌梗塞或糖尿病的風險較低，罹患乳癌或結核病（以及和酒精相關的交通事故或外傷）的風險較高，兩相抵消後，罹病風險不變。

## 圖5-2　酒精攝取量與罹患各種疾病的風險的關係

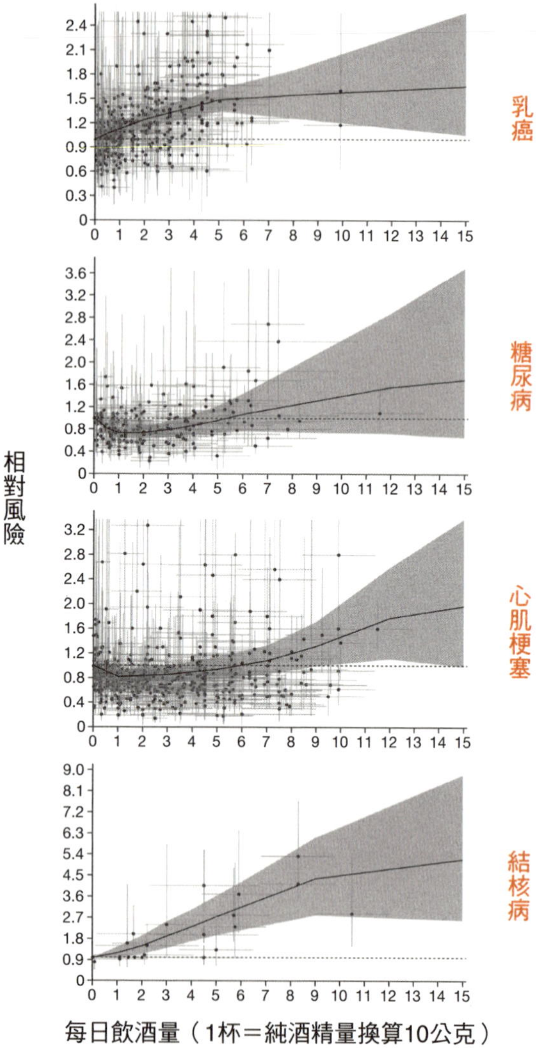


出處：GBD 2016 Alcohol Collaborators. 2018

## 以遺傳風險做判斷

如何利用這個結果來調整生活習慣？建議綜合判斷自己的風險。如果親戚之中沒有人罹患癌症，並且癌症遺傳風險低，那麼一天「小酌」一～兩杯並無大礙。有些人生活因此變得豐富，且飲酒量控制在少量也能降低罹患腦梗塞或心肌梗塞的風險。

另一方面，有癌症家族病史、罹癌風險高的人，酒精攝取量最好控制在最低。有研究指出，飲酒量為零的情況，罹癌風險最低。不過，對於愛喝酒的人來說若不喝酒，人生就少了大半樂趣。這樣的人除非是被醫師限制飲酒，其實不必戒酒，但還是盡可能控制飲酒量。提醒自己，酒喝得越少，罹癌風險就會降低。

RULES

- 少量飲酒的人，罹患腦梗塞或心肌梗塞的風險會降低。
- 即使少量飲酒也會提高罹癌風險。
- 從家族病史思考自己的遺傳風險，評估飲酒量。

# 菸

## 吸菸罹病的因果關係已被證實

香菸有害已然是事實，包含日本在內，許多國家的菸商在香菸外盒上有標示警語的義務。以日本為例，香菸盒上會標示「吸菸容易導致動脈硬化或血栓形成體質，提高罹患心肌梗塞等缺血性心臟病（冠狀動脈疾病）或腦中風的危險性」、「吸菸除了更可能得肺癌，也會提高罹患各種癌症的危險性」、「孕婦吸菸會讓胎兒發育不全，也會提高早產或出生體重減少、嬰兒猝死症（嬰兒在一歲前突然無預期死亡）的危險性」。RULE 2 提過的ＩＡＲＣ的致癌風險評估，也將香菸納入「具有致癌性」的一類致癌物。

不過，日本有些網路或雜誌報導卻說「日本的吸菸率下降，但肺癌死亡率仍然提高，所以香菸會導致肺癌是誤解」。

的確，日本的吸菸率下降，肺癌死亡率卻提高，看起來香菸與肺癌似乎沒有關聯

## 圖5-3　吸菸率與肺癌死亡率（日本男性）

【產生誤解的圖表】

吸菸率與肺癌死亡率（日本男性）

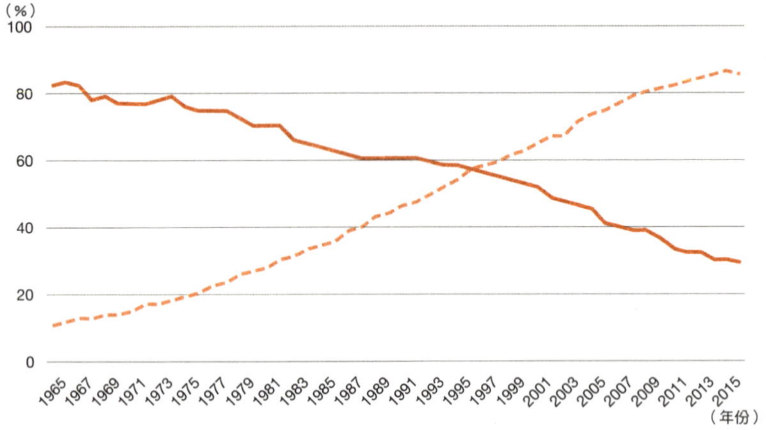


【正確圖表】

吸菸率與肺癌死亡率（日本男性）

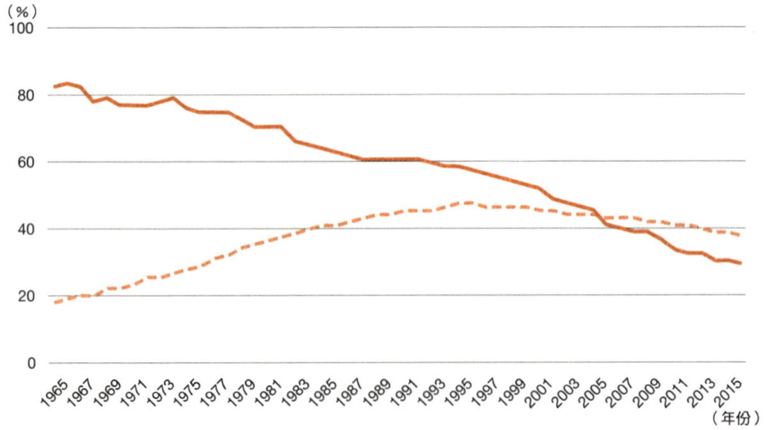


出處：日本國立癌症研究中心 癌症對策資訊中心，〈JT全國菸草吸菸者率調查〉（JT全国たばこ喫煙者率調査）

（圖5-3上）。但那只是誤解。日本急速高齡化，導致肺癌死亡率提高。所以藉由使用補正年齡結構的「標準化死亡率（依標準人口年齡調整）」（圖5-3下）後，得知：排除高齡化影響。伴隨吸菸率下降，肺癌的標準化死亡率在一九九六年達到巔峰後，逐年下降（並非吸菸後馬上就會罹癌，癌症的發病有約三十年的潛伏期）。

有些人以圖5-3上圖主張「香菸與肺癌無關」，加深大眾誤解。

全球多數研究已證明，吸菸會提高肺癌或慢性阻塞性肺病的風險。香菸是有害物質中最常被研究的主題之一，可說是和危害健康有著明確因果關係的物品。二手菸所造成的健康危害更是無庸置疑。

## 日本防制香菸的歷程

另一方面，針對二手菸問題，二〇二〇年四月一日起，日本全面實施修正過的

8 吸菸者吸入肺部的煙霧。

《健康增進法》，學校或行政機關、醫院，餐飲店或辦公室等室內原則上禁止吸菸。

法律修正的起因是，二〇一七年時任厚生勞動大臣的岩崎恭久為了加強規範二手菸，提出一項提案：「除了地板面積小於三十平方公尺的酒吧、酒館等，其餘的餐飲店一律室內禁菸（但可在有設置排煙裝置的專用吸菸室吸菸）」。其實，日本在二手菸防制對策上大幅落後其他先進國家。這原先是為了二〇二〇年舉辦的東奧及帕奧，想進行補救落後的政策。

遺憾的是，這項提案受到香菸產業等既得利益者的激烈反對，最後變得名存實亡。其中特別是自民黨約兩百六十名國會議員參與的「自民黨香菸議員連盟」大力反對。結果，設下許多例外規定，規範變得寬鬆。

於是，東京都議會在二〇一八年六月二十七日通過，有員工的餐飲店原則上禁菸的《二手菸防制條例》。有別於國家規範，這項條例不管店面的面積大小，原則上室內禁菸。能夠比國家規範嚴格是因為，這是全球的標準規範。因為這項條例與修正過的《健康增進法》，東京都內室內禁菸的餐飲店家數可望達到八四％。

不過，也有針對雪茄館等「『以吸菸為主要目的的酒吧、酒館等』可以吸菸」的例外規定。而且，若符合這項規定，有些店即使是一般的居酒屋或咖啡廳也可吸菸。但那是違反規定，必須要求遵守法律、條例的主旨。

這項法律、條例的目的不只是防止二手菸，也是讓民眾不易接觸香菸，促進吸菸者戒菸，保護所有人免於菸害。

## 不抽卻致病：二手菸

各位是否聽過「沒有證據顯示二手菸會危害健康」這種說法呢？部分菸草公司抱持這樣的主張。但，這是一個徹頭徹尾的謊言。

二手菸對人體的危害，已有充分實證。據二〇〇六年美國公共衛生局局長（擔任美國公共衛生最高行政主管的醫師）的報告指出，二手菸會讓罹患肺癌的風險提高二〇～三〇％。此外，也和心肌梗塞、腦中風、嬰兒猝死症或氣喘有關。

另外，日本國立癌症中心的研究推估，[＊1]日本每年有一萬五千人死於二手菸。該數據不包含吸菸者，光是吸到身旁人抽的菸就有這麼多人死亡。據估計全球每年約

## 圖5-4　日本每年因吸二手菸而死亡的人數

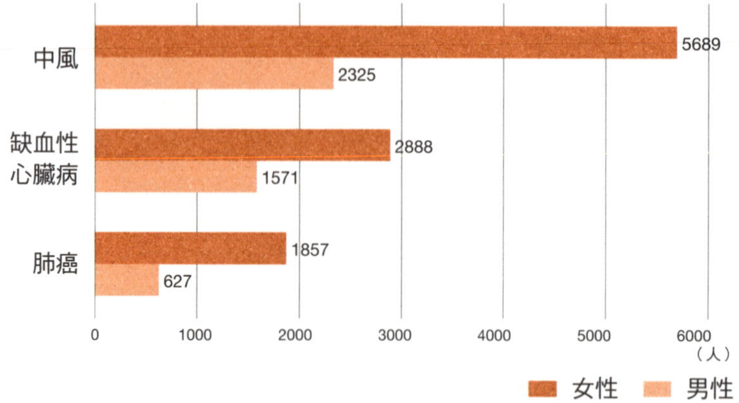


出處：日本厚生勞動省科學研究補助金，疾病和殘疾控制研究，防治心血管疾病、糖尿病和其他生活方式相關疾病措施的綜合研究項目
〈菸草控制措施對健康和經濟影響的綜合評估報告〉（たばこ対策の健康影響および経済影響の包括的評価に関する研究），2015

六十萬人死於二手菸，[*2]因此日本的推估人數應該是大致準確。

上述人數主要由一項統合分析研究測出，該研究顯示二手菸讓罹患肺癌的機率提高約三〇%。[*3]這篇論文統合九項以日本人為對象的研究，並得到結論：被動吸菸會增加罹患肺癌的風險，這是「肯定的」（圖5-4）。

附帶一提，每年死於二手菸的推估數值，（男女合計）肺癌二四八四人、缺血性心臟病（冠狀動脈疾病）四四五九人、腦中風八〇一四人，加上嬰兒猝死症七三人，合計每年約有一萬五千人死亡。

## 電子菸、加熱菸的實證概念

飽受爭議卻無法和香菸一樣受到規範的，是加熱菸，因為沒有明確證明加熱菸會危害健康。加熱菸專用的吸菸室也獲得認可，在一般餐飲店可以吸加熱菸。接下來，讓我們從實證的觀點來檢驗。

「實證醫學」這個概念是在一九九〇年代導入，此前都是醫師根據個人經驗決定診斷方法或治療方針。不過，因為醫師之間的差異頗大，許多時候患者無法接受最好的醫療。從研究結果建立根據資料的實證，依據那些實證，醫師與患者討論、制定決策模式，這就是實證醫學。

以實證判定對錯，事情就變得很簡單。只要實證與綜合判斷患者的價值觀，再對患者提供最佳的醫療即可。然而，問題是實證不充足的時候，患者的病情不能拖，醫師總不能丟出一句「因為沒有實證，所以我不知道怎麼做」。醫師必須在不確定性之中給予「因為缺乏充足實證無法斷言，但以現階段的已知情況做綜合判斷，〇〇比較好」，像這樣給予目前最佳的建議。

## 圖5-5　不同國家的吸菸率（男性）

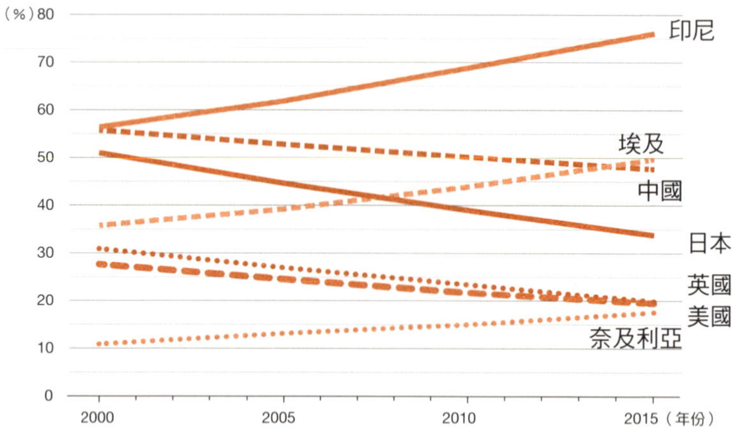


出處：WHO

而加熱菸正是最好的例子，說明在實證不足的情況下，應該如何做出決定。

這裡先對香菸的普及狀況有個概念：目前開發中國家的吸菸率上升，先進國家的吸菸率卻下降（圖5-5）。因此，開發中國家今後的香菸銷售額可能會上升，先進國家可能不會。或許因為如此，菸草業者認為在先進國家提高加熱菸或電子菸這種「新型菸品」的銷售額很重要。

香菸中的尼古丁具有強烈的依賴性（菸癮），卻沒有致癌性，就算有也很輕微（但最近的研究指出，尼古丁可能會讓已發生的癌症加速惡化，並更可能復發）。引發肺癌的主要物質是香菸中的其

## 表5-1　香菸、加熱菸、電子菸的比較

與香菸類似 ⟷ 與香菸不同

| | 香菸 | 加熱菸 | 電子菸 |
|---|---|---|---|
| 商品名 | 七星、MEVIUS、健牌（KENT）、萬寶路等 | IQOS、Ploom、glo | VAPE、FLEVO |
| 原理 | 點燃菸草絲，吸食煙霧。 | 加熱菸草葉或菸草粉製成的菸草柱（菸彈），吸食產生的氣霧。 | 加熱（含尼古丁或不含尼古丁）的菸油，吸食產生的氣霧。 |
| 日本的銷售規定 | 沒有特別規定。 | 非規範對象，已在討論納入規範。 | 在日本，含有尼古丁的菸油是未獲得《藥機法》（醫藥品醫療機器法）認可的醫藥品，禁止販售。因此，市面上只販售不含尼古丁的菸油。 |
| 吸入二手菸的健康危害 | 經科學證明二手菸會引發肺癌、心肌梗塞、氣喘等疾病。 | 雖然缺乏充足實證，因為介於香菸與電子菸之間，產生的二手菸可能有危害健康的疑慮。FDA的諮詢委員會據此說明以下說法缺乏實證，並禁止宣傳：「加熱菸對健康的危害比香菸少」（2018年11月）。 | 統合分析指出，產生的二手菸對健康有不良影響。[*4] WHO與美國公共衛生局局長也提出警告，二手菸對健康會造成危害。 |

本表由筆者製作

他致癌物。但對菸草公司而言，香菸賣得好又能守護消費者的健康就好，所以合理的對策是，販售致癌物含量少的商品（只要有尼古丁就能維持銷售），因而開發出「新型菸品」。

新型菸品分為電子菸與加熱菸，電子菸是吸入液體（菸油）加熱後產生的氣霧（aerosol，又稱氣膠）。在日本，含有尼古丁的電子菸液體受到法律規範，所以沒有販售，日本只販售吸入不含尼古丁氣霧的電子菸。加熱菸則是直接加熱菸草葉，吸入產生的氣霧，未受規範可以販售（目前已在討論列入規範）。含有尼古丁的電子菸液體的販售受到規範，加熱菸草葉的加熱菸，卻不在規範內，不只是筆者，應該很多人都覺得這很荒謬。

## 看不見的加熱菸二手菸

如前所述，香菸的二手菸對身體有多大的危害已有充分實證。[*5] 問題是「加熱菸的二手菸」對周圍的人的健康會帶來多大的危害。以結論來說，因為缺乏充足實證，無法明確斷言。

二〇一四年，世界最大菸草公司菲利普莫里斯國際（Philip Morris International）的加熱菸「ＩＱＯＳ」開始於全球銷售（在名古屋市舉行全球首賣）。至今過了八年多，幾乎沒有任何相關研究。多數的研究是由菸草公司提供研究經費，產出缺乏中立立場的「不明確」內容。

加熱菸的「二手菸」缺乏充足實證，但「一手菸」逐漸出現實證。

二〇一七年，美國權威性醫學雜誌刊登的論文，ＩＱＯＳ氣霧所含的甲醛量是香菸的七四％。甲醛是廣為人知的致癌物，菲利普莫里斯國際主張ＩＱＯＳ減少九十～九五％的有害物質，所以這項結果很令人驚訝。

其實，加熱菸在美國是近年才獲得取可，二〇一八年一月美國食品藥物管理局的諮詢委員做出以下結論[*6]：加熱菸的健康危害比香菸少，是缺乏實證的說法，建議

9 （作者注）ＦＤＡ，進行醫藥品及食品的販售許可或取締不符合規定品的美國政府機構。

應該禁用「對人體的危害比香菸少」的宣傳標語。直到二〇一九年四月才獲得FDA的販售許可，並在美國國內引發議論。

加熱菸的二手菸看不見很難察覺，孕婦或兒童可能在不知不覺間吸入。筆者認為，在證實加熱菸的二手菸危害較少之前，應該將加熱菸和香菸一起列入《二手菸防制條例》予以規範。

筆者並非「厭菸者」，只要吸菸者不對他人造成困擾，吸菸是可被允許的行為（當然，筆者也擔心吸菸族群的健康）。也就是說，二手菸是「危害他人」（對他人施加危害的行為）的問題必須明確規範，同時應該要保障吸菸者在吸菸室吸菸的權利。這樣的意見不無道理。當然，考量到健康還是戒菸比較好，但前提條件是建立充分的支援制度（提供戒菸門診費用的補助等）。

筆者認為若能從香菸的菸煙（或氣霧）之中，確實去除有害物質是很棒的事。如果能只留下尼古丁，去除其他有害物質，不但可維持菸草公司的銷售額，健康受到二手菸危害的人也會變少。總之，目標並非「消滅香菸」，而是「盡量減少因香菸危害健康而受苦的人」。

## RULES

- 香菸有害健康是無庸置疑的事。
- 在日本，每年有一萬五千人死於二手菸。
- 今後將會出現關於加熱菸的實證，但氣霧含有有害物質，在證實「對健康沒有危害」之前，必須和香菸一樣受到規範。

RULE 6

# 泡澡

## 日本獨特的泡澡文化

日本人以喜愛泡澡著稱。「洗澡」一詞，在歐美國家通常是指淋浴，在日本多指花時間泡在浴缸裡讓身體暖和。如果只是為了去除身體髒污，的確淋浴已經足夠。不過，也有許多人認為泡澡能暖和身體有益健康。實際上泡澡與健康有怎樣的關係呢？

日本住宅的浴室多半有水深及肩膀的浴缸，旁邊有足夠的空間沖洗身體。然而，日本人到國外旅行時，經常會驚訝地發現，美國通常只有淋浴間，就算有浴缸也很淺，只能泡半身浴。英國的浴缸雖然較深，但由於蓮蓬頭和浴缸是合併的設計，幾乎沒有足夠的空間沖洗身體。美國和英國也不像日本的浴缸有自動放熱水功能或循環加熱（保溫）功能，必須自己調整溫度放熱水，而且水溫會漸漸變冷而沒辦法泡太久。由此可知，日本的泡澡文化確實很獨特。

日本人有多麼愛泡澡，看各國泡澡次數就可知。相較於歐美人每週泡澡一次的僅占不到三成，日本人卻是平均每週泡澡五次。[*1]此外，約七五%的日本人表示自己喜歡泡澡。說到喜歡泡澡的理由，除了身體變清爽，還有能夠消除疲勞、身心放鬆、泡完澡睡得好等理由。不單單是為了徹底洗淨，日本人才熱愛泡澡。

其實，日本人現在的洗澡方式是近年才確立。日本的泡澡文化源於六世紀，當時佛寺為了行善提供熱水給平民。因於管路系統未設置，水相當珍貴，人們洗澡是先以蒸氣暖和身體後，用手摩擦身體的污垢，最後用熱水沖洗，比較接近現代的三溫暖。這樣的洗澡方式是奢侈的享受，武士與平民百姓平時是用水清洗身體的「行水」。安土桃山時代（一五六八～一六〇三年）末期出現了澡堂，但這時候的泡澡是以半身浴為主。江戶時代（一六〇三～一八六七年）初期才有水位觸及肩膀高度的浴缸，平民百姓不去澡堂，而家庭浴缸是在戰後高度經濟成長期（一九五五～一九六四年）開始普及的。[*2]

至於在西方國家，古羅馬時代盛行古羅馬浴場這種大型公共洗浴設施，因為羅馬帝國高超的水利工程技術，除了蒸氣浴，還有裝滿熱水的浴池。不過，後來基督教在歐洲擴大，基督教認為不洗澡是一種自我犧牲、表現虔誠的行為（也有一說是認為浴場傷風敗俗），泡澡習慣因而式微。大部分的歐洲人以淋浴方式清潔身體，在浴缸裡慢慢泡澡的習慣就此消失。

## 泡澡會降低罹患腦中風、心肌梗塞的風險

泡澡對健康可能有好處，其中之一是緩解疼痛。有研究結果指出，對纖維肌痛症[10]的患者來說，泡澡可以緩解疼痛。而對骨關節炎（退化性關節炎）的患者來說，泡澡也可能改善疼痛。[*3] 儘管這些研究的品質不高，對於是否會改善症狀確實值得一試。其他類型的疼痛也可能藉由泡澡獲得改善。

10 （作者注）出現廣泛性身體疼痛、緊繃感、疲勞感、失眠、頭痛、憂鬱情緒等症狀的不明原因疾病。

另外，泡澡、做三溫暖會使血管擴張，血壓因而降低，而水壓也能促進全身血液循環。有報告指出，藉由這些作用可降低罹患腦中風或心肌梗塞等大腦或心臟疾病的風險。二〇二〇年日本的一項研究，[*4]從一九九〇年起的二十年間，追蹤約三萬名四十～五十九歲的人，評估泡澡次數與腦中風或心肌梗塞發病率的關係。結果顯示，經常泡澡的人罹患腦中風或心肌梗塞的機率較低（圖6-1）。

## 三溫暖會「調整」身體狀態

日本近年掀起一股三溫暖風潮，日本人用「調整」一詞形容做完三溫暖後，身心舒暢的狀態，事實上確實如此。

芬蘭人從數千年前開始做三溫暖（乾式三溫暖），據說每週做兩～三次。二〇一八年發表的一篇統合分析研究指出，[*5]三溫暖不只會降低血壓，還可降低罹患腦中風或心肌梗塞等疾病的風險，以及降低因心臟疾病導致猝死的風險（圖6-2）。

根據這篇論文，這些效果可能是身體暖和後，對血管帶來的良好影響，或膽固醇

## 圖6-1　泡澡次數與腦中風或心肌梗塞發病率的關係

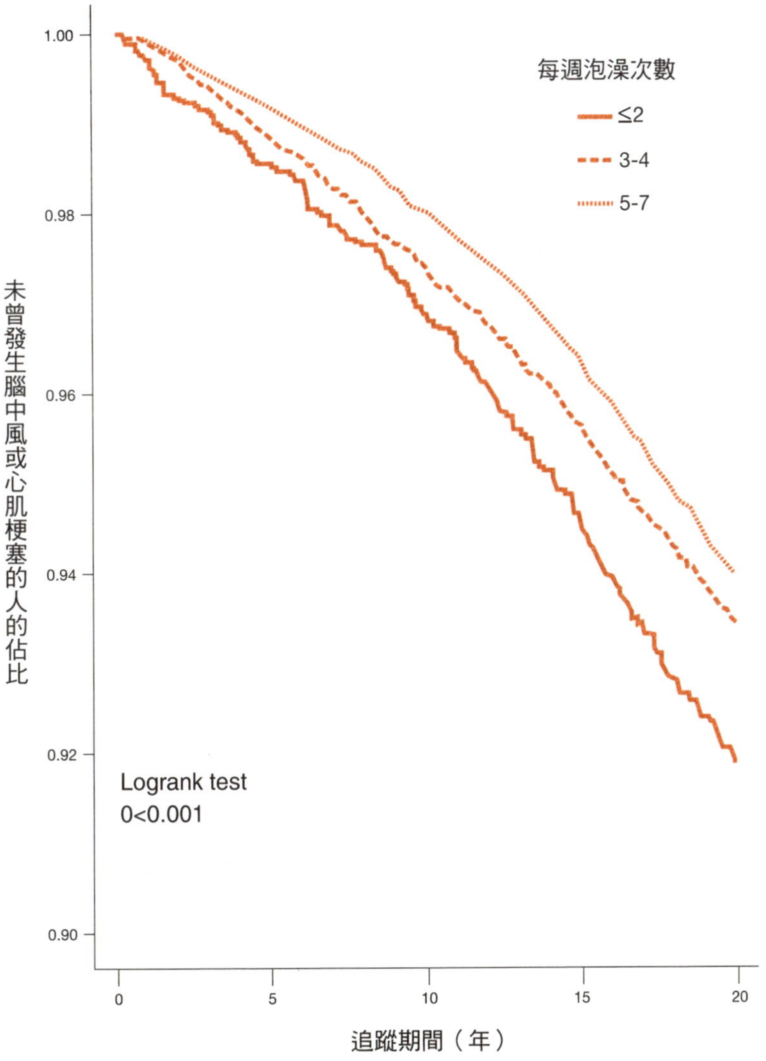


出處：Ukai T. 2020

## 圖6-2A　三溫暖的次數（每週）與心因性猝死的關係

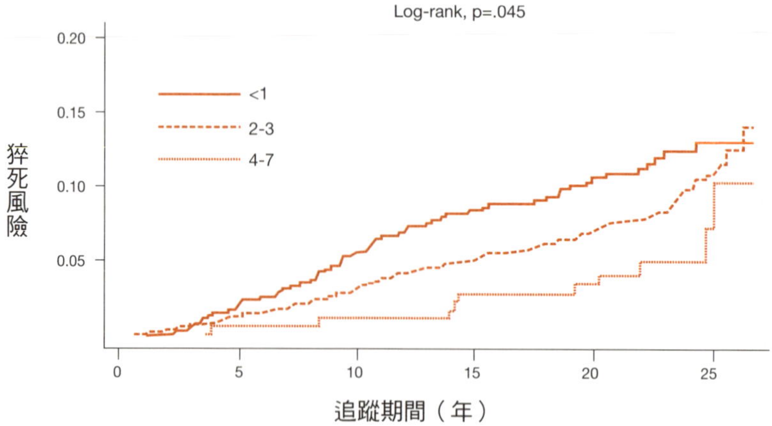


## 圖6-2B　每次做三溫暖的時間與心因性猝死的關係

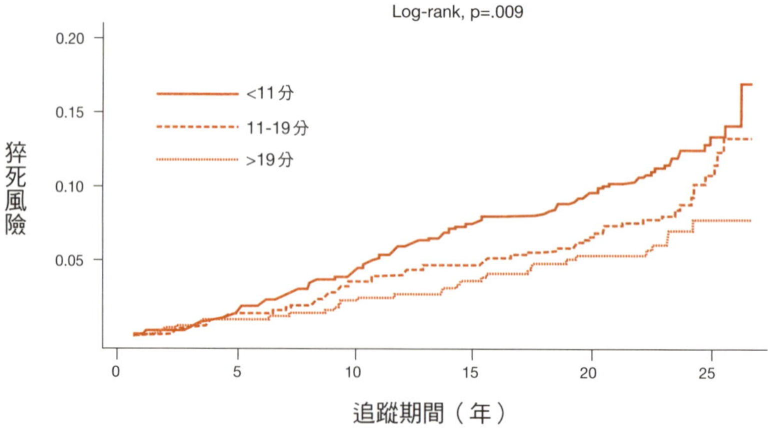


出處：Laukkanen JA. 2018

數值改善、抑制發炎所致，另一方面也可能是做三溫暖會放鬆身心，對健康帶來良好效果。也有複數研究結果[*6]指出三溫暖有助改善心臟衰竭。

## 泡澡有致命風險的族群

雖然泡澡對健康有益，卻也不是完全沒壞處。例如，有輕度高血壓的人泡澡不會有問題，但罹患不穩定型心絞痛等心臟疾病、難治性（頑固型）高血壓的人，泡澡卻有讓病情惡化的風險。若是血壓偏低的高齡者，泡澡可能會讓血壓變得太低，發生跌倒的風險。這類情況要避免泡太熱的熱水澡，或長時間泡澡。做出判斷之前，請向家庭醫師諮詢適當的泡澡方式。

此外，冬天經常皮膚乾燥、搔癢的人，長時間泡太熱的熱水澡，症狀可能會惡化。習慣用毛巾搓洗皮膚的人也要注意。去除皮膚的污垢只要將肥皂充分搓出泡沫，用手輕輕搓洗即可。泡澡用溫一點的水，泡完澡後確實保濕很重要。假如症狀仍未改善，試試看縮短泡澡時間或以淋浴取代泡澡，應該會有所改善。

懷孕初期的女性也不適合長時間泡熱水澡。一九九二年有篇針對約兩萬三千名孕婦的追蹤調查論文，[*7] 指出習慣定期泡熱水澡的女性產下的嬰兒出現神經障礙（神經管缺損引發的疾病，如無腦畸形、或脊柱裂等）的機率高出約二・八倍。另一項研究結果[*8] 也指出，孕婦因傳染病發燒也會提高胎兒出現障礙的風險。懷孕期間，母體的核心溫度變得太高，對胎兒的健康會帶來不良影響。在懷孕滿十二週前請避免長時間泡熱水澡，因為此時為穩定期。就算要泡澡，用溫水會較合適。另外，如前文所述，溫泉或澡堂等公共浴場有傳染病的風險，盡可能別去比較好。

關於泡澡對健康有怎樣的影響說明至此，一般來說，泡澡會放鬆身心、降低血壓，是值得嘗試的行為。不過，有健康疑慮的人或孕婦等盡可能避免泡熱水澡的人，請選擇適合自身狀況的健康泡澡方式。

RULES

- 泡澡會緩解疼痛的效果。
- 泡澡會降低罹患腦中風或心肌梗塞的風險。
- 這些族群盡可能避免泡熱水澡：罹患不穩定型心絞痛等心臟疾病、難治性（頑固型）高血壓的人，以及孕婦。

COLUMN 3

# 標準治療是最頂級治療

## 最適合的最佳治療方法

各位聽過「標準治療」嗎？

標準治療是指，現階段經由科學實證為最適合的治療方法，並且適用健保。基本上，患者都是從醫院的醫師那裡接受標準治療。

第一次聽說標準治療的讀者會聯想到什麼呢？有些人或許會想到「普通的治療」、「基本的治療」，或者「等級最低的治療」，從字面上來看難免會產生如此誤解。事實上，標準治療可說是「頂級」的治療方法，是徹底調查有效的療法，並從中精選而出的「最適合」的治療。

標準治療是使用現階段的醫學最頂級的藥物或療法，沒有比這個更好的首要選擇。

不只如此，標準治療適用於健保，令患者可以不花大錢也能接受治療。但有些人抱持著「不適用健保的高額療法比較有效」的預設——也許是因為汽車或電器用品通常是越貴品質越好，不過這樣的觀念在醫療純屬誤解。

不在健保給付範圍的治療則稱為「自由治療」、「自費治療」，或是意指取代標準治療的「替代治療」。這些通常費用昂貴，也因此讓人產生「會有效」的期待感。然而當中大部分的效果、副作用沒有經過科學驗證。或許真的很有效，或是根本沒效，實屬不明的治療。因此，全民共有財產的健保無法給付，不適用健保。

更甚有些療法一開始就沒打算檢驗效果，許多醫師為了賺錢會建議患者接受那樣的自費治療，各位必須多加留意，不要因為對方是醫師就輕信其言。

那麼，「雖然還沒成為標準治療，但是最新最尖端的治療就會值得一試吧？」或許有人會這麼想。但這樣的治療也得留意，因為效果或副作用尚未經過確實的科學驗證，只能說「可能有效，或完全沒效」。希望各位基於這個大前提，判斷是否接受治療。

倘若日後這些最尖端的治療經臨床試驗證實，效果比以往的標準治療更好，那個治療就會變成新的「標準治療」，由此可知「標準治療」隨時都在進步。

## 如何成為標準治療

那麼，標準治療是如何被認定呢？

舉例來說，為了某個疾病製造藥物，想被認可為標準治療的藥物，必須經過許多過程。

最初的步驟是基礎研究，進行細胞培養或實驗鼠試驗。直接對人體投藥若有毒性，可就大事不妙。透過實驗鼠試驗認可效果後，確定沒有嚴重的副作用再接著進行下個步驟——人體臨床試驗，又分為三個階段進行。

階段一：確認是否會危害人體。對患者實際投藥，確認多少的用量或次數是安全範圍。在這個階段不會詳細評估效果，檢驗的重點是安全性。

階段二：讓少數人嘗試，確認有無效果。檢驗對患者有無實際效果，但只是以少數人為對象的試驗，無法排除「吃藥後碰巧病好」的可能性。

於是進入階段三。將新藥與「現階段最有效的藥物」的效果相互對照。為了排除「碰巧的偶然性」，以人數較多的數百人為對象進行檢驗。

這個階段採用嚴密的隨機對照試驗，首先完全隨機分為「投予新藥」與「投予現階段最有效的藥物」兩組。因為是隨機分組，兩組的差異只有「投予的藥物」。

而且，受試者不知道自己屬於哪一組，不然就無法排除因為「錯覺」誤以為痊癒的安慰劑效應（錯覺的影響其實很大）。除此之外，進行試驗的研究者或醫師也不知道受試者的組別。這是因為試驗者若不小心表現出「希望新藥有效」的態度，可能會影響受試者產生安慰劑效應。如前述進行嚴密的試驗。

若三階段的臨床實驗其中一項未獲認可，就無法成為標準治療。而這機率竟然是萬分之一。

標準治療可說是最頂尖的治療。

當然，也有研究顯示標準治療比自由治療或替代治療更好。

美國的研究者針對乳癌、攝護腺癌、肺癌、大腸癌的患者進行接受標準治療與接受替代治療的五年存活率（被診斷罹患癌症五年後仍然存活的比率）比較。[*1] 結果說明接受標準治療的族群生存率高，而接受替代治療的人死亡率竟然比接受標準治療的人高出二．五倍。

如果知道獲得認可的完整過程，自然會認同標準治療。

當然，有效的替代（自由）治療也可能存在，但面臨「便宜且效果獲得證明的標準治療」與「昂貴卻不知道有無效果的替代（自由）治療」，應該接受哪種治療，答案已不言自明。

# RULE 7
# 壓力

## 壓力帶給我們什麼病

壓力是影響健康的重要要素之一，因為職場（人際關係、繁忙的工作等）、家庭問題（家庭失和、孩子的課業、家人的照護等）、經濟方面的問題等，感到壓力的現代人很多。我們隱約知道壓力對健康會造成不良影響，但關於壓力與健康的關係，在科學界了解到哪個程度呢？

「壓力」意指「外力導致物質變形」，原本是物理學界的用語，一九三六年加拿大心理學家漢斯・塞利（Hans Selye）提出「壓力學說」，醫學界才開始使用壓力一詞。在醫學上，因為外部環境的刺激造成生理或心理的反應稱為「壓力反應」，造成反應的原因稱為「壓力源」（Stressor）。

感受到壓力時，體內會分泌腎上腺素或正腎上腺素等壓力荷爾蒙，於是血壓上升、心跳加速、血糖值升高，正因為有這樣的身體變化，我們人類遭遇危機時能夠即時反應並逃離危險。

人類在野生動物時代，為了被天敵鎖定時可以盡快反應、逃脫，那種身體機制得以發揮作用。但現代人在日常生活中很少會遇到危及性命的情況，結果感受到的壓力不是因為生命危險，而是人際關係或各種煩惱。現代人的壓力很少危及性命，雖然不會為此分泌太多壓力荷爾蒙，但野生動物時代的身體機制依然存在。於是，過度分泌的壓力荷爾蒙會對我們的健康或身體狀況造成各種不良影響。

壓力會引發各種身體不適，例如自律神經失調、胃或十二指腸潰瘍、腸躁症、憂鬱症、支氣管氣喘、頭痛等，接下來針對「腦梗塞或心肌梗塞等血管阻塞的疾病」與「癌症」這兩類疾病進行說明。

## 壓力山大，讓你與中風更接近

壓力荷爾蒙會讓血壓上升，血液變得容易凝固，結果腦血管堵塞、或破裂導致腦中風，心臟血管堵塞導致心肌梗塞。

有一項研究是針對七萬三四二四名、且年齡介於四十～七十九歲的日本人，進行約九年的追蹤調查，[＊1]結果顯示對壓力知覺程度高的人比程度低的人，罹患腦中風或心肌梗塞的風險較高。特別是女性，罹患腦中風或心肌梗塞的風險高出一．五倍，死於這兩種疾病的風險高出約兩倍。儘管壓力與這兩種疾病的關係在男性當中較不明顯，但仍呈現出一種傾向：感受到愈壓力愈大的人，其罹患心肌梗塞風險高。另一項以日本男性為對象的研究則指出，容易感受到壓力的人，動脈硬化會惡化。[＊2]

此外，統合十四項研究的結果[＊3]顯示，容易感受到壓力的人罹患腦中風的風險高出約三三％，並且和前述的研究一樣，在女性中壓力與腦中風的相關程度較男性明顯。

綜合判斷這些實證，容易感受到壓力的人罹患腦中風或心肌梗塞的風險高，再者，因為壓力提高這些疾病的風險確實是女性比較顯著。

## 癌症與壓力的因果關係

壓力會提高罹癌風險是存在已久的爭議。根據假設，壓力荷爾蒙促進癌細胞的增生或轉移、慢性壓力造成免疫功能下降，或是壓力導致慢性發炎，提高罹癌可能性等。另有一說是，因為壓力使得吸菸量或飲酒量增加，便間接提高罹癌風險。

二〇一三年，《英國醫學期刊》（*British Medical Journal*）公布一項統合分析研究。這項研究統合十二篇歐洲論文研究，針對一一萬六〇五六名十七~七十歲的男女進行約十二年（中間值）的追蹤調查，[*4] 評估因工作感受到的壓力大小與罹癌風險之間的關係。總計五六七五人在追蹤期間罹患癌症（當中大腸癌五二二人、肺癌三七四人、乳癌一〇一〇人、攝護腺癌八六五人），分析的結果顯示，無論哪一種癌症都無法證實工作壓力與罹癌風險有關。

在這個研究之後又進行了幾次小規模的研究。

二〇一六年，以十萬六千名英國女性為對象，[*5]進行檢驗壓力與乳癌發病率的關係的研究。這項研究評估了家人或親友的死亡、自身的疾病或傷害、離婚等複數的壓力，結果無法證實壓力與乳癌有所關聯。

二〇一七年，加拿大一項以一九三三名受試者為對象的研究，[*6]評估職場壓力程度與攝護腺癌發病率的關係。結果顯示，未滿六十五歲的人職場壓力越高，而且攝護腺癌發病率較高。另一方面，在年齡較高的族群並無法證實關連性。但，這項研究存在著一個問題點，那就是職場壓力大與壓力小的人在各方面有所差異，因此罹癌風險較高，是否由壓力導致有待商確。

綜合判斷這些研究結果，在現階段來說，壓力導致罹癌率上升的實證研究不充分。

其實，英國癌症研究基金會（Cancer Research UK）已做出「壓力不會提高罹癌率」的結論。當然這個結論[*7]今後可能因為新的研究結果而改變，不過壓力容易引發癌症在目前是沒有根據的說法。

那麼，癌症病人是否會因為壓力造成癌症惡化呢？

其實在動物實驗階段，針對已罹癌的實驗鼠施予壓力，發現癌細胞加快增生，並且更加容易轉移。

二〇一六年的研究報告也表明，[*8]罹患攝護腺癌的實驗鼠之中，施予壓力的實驗鼠的癌細胞擴大且增生。這項研究更證實了壓力讓實驗鼠的免疫功能下降。

二〇一九年的研究報告[*9]中，罹患乳癌的實驗鼠在轉移部位發現了壓力荷爾蒙的受體，間接指出癌症的轉移可能也會受到壓力影響。

不過上述研究都是動物實驗階段，目前尚無使用人類資料的實證。

因此，人類也會因為壓力導致癌細胞增生或轉移這件事，現階段仍無法做出結論，尚待今後的研究證實。

## 學會壓力管理，大幅降低患病機率

除了腦中風、心肌梗塞或癌症，壓力可能也會導致憂鬱症等精神疾病、胃潰瘍等消化系統疾病或不孕症、影響免疫功能。

此外，是否容易生病或保持健康也會因為消除壓力的方法而改變。例如藉由吸菸或飲酒、暴飲暴食等不健康的方法消除壓力，結果提高了生病的可能性（即使不是壓力直接提高風險的疾病）。因此不妨透過運動、和親友聊聊、進行冥想來緩解壓力。冥想在日本雖然不普遍，近年在美國已成為潮流，複數研究也發現有各種健康上的好處，感到有壓力的人不妨試一試。

壓力並非單一問題，許多人有壓力的時候會失眠、特別想吃高油脂食物。也就是說，壓力與飲食、運動、睡眠等其他的健康習慣緊密相連，若只改善其中一項難以維持健康，必須全面改善。

RULES

- 容易感受到壓力的人，罹患腦中風或心肌梗塞的風險較高，女性特別顯著。
- 目前尚無壓力會提高罹癌率的實證。

RULE 8

# 過敏及花粉症

## 過敏

### 過敏是免疫力過度反應

因為新冠疫情的流行，我們經常會聽到「免疫力」一詞。

免疫力是人體阻擋外來異物、保護身體的功能，可以預防細菌或病毒的感染，不小心感染時，免疫力會幫助身體排出這些異物。

可惜的是，免疫力並非萬能，除了對有害異物產生反應，有時對人體無害的食物或花粉等異物進入體內，免疫功能產生過度反應，就會出現各種症狀，這種現象稱為「過敏」。

過敏有不同的種類與症狀，像是食物引起的食物過敏、發生在皮膚的異位性皮膚炎或接觸性皮膚炎、發作於支氣管的支氣管氣喘、對花粉反應過度的花粉症等。

## 嬰兒期限制攝取，能遠離過敏？

許多嬰幼兒有食物過敏，可能是在消化功能尚未發育成熟時，吃了某些食物導致。基於這樣的想法，為了防止胎兒透過母乳或胎盤暴露於過敏原，美國兒科學會在二〇〇〇年發出聲明：「懷孕、哺乳期的母親應該限制攝取容易造成食物過敏的雞蛋或花生等食物，盡可能延後嬰幼兒開始攝取乳製品、雞蛋、堅果類的時期」。這導致日本廣為宣導，建議延後攝取這些食物。

然而，經過這些宣導，對花生過敏的兒童數並未減少，甚至逐年增加（圖8-1）。

## 圖8-1　因食物過敏引發過敏性休克而急救的兒童數量（左）與花生過敏的發病率（右）

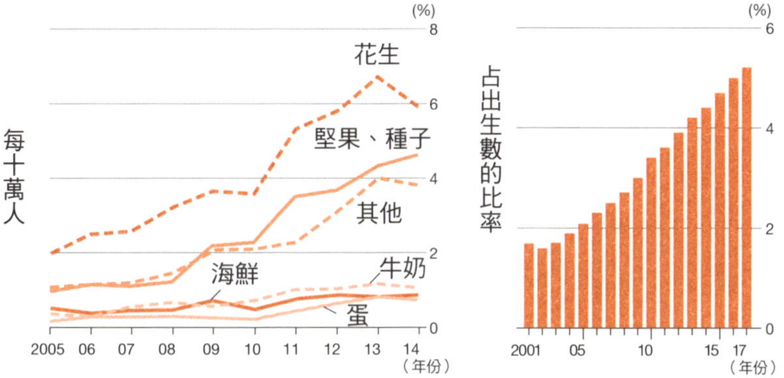


出處：Motosue MS. 2018[*1]、Lieberman J. 2018[*2]

## 病從皮膚入

二〇〇三年，世界具權威性的醫學雜誌《新英格蘭醫學期刊》刊登了驚人的研究結果。[*3] 分析一萬三九七一名住在英國的學齡前兒童的結果顯示，在皮膚塗抹含有花生油的潤膚霜的嬰幼兒，比沒有塗抹的嬰幼兒，罹患花生過敏的機率較高。另一方面，懷孕、哺乳期的母親的飲食內容與兒童的花生過敏風險無關。這項研究結果一反主流觀點，表明食物過敏的主因不題經由吃下，而是皮膚接觸。

有花生過敏的兒童之中，九一%使用了含有花生油的潤膚霜，相較之下，沒有花生過敏的兒童之中，五三～五九%使用了那種潤膚霜（圖8-2A）。另一方面，關於使用未含有花生油的潤膚霜的比率，有花生過敏與沒有花生過敏的兒童之間沒有差別（圖8-2B）。

潤膚霜是用於改善嬰兒濕疹等嬰兒肌膚的問題，或許是因為異物從膚況粗糙等受損的皮膚侵入體內，引發食物過敏。

## 當皮膚失去屏障功能

在皮膚正常的狀態下，即使接觸到異物，皮膚的屏障功能仍會確實發揮作用，而不會發生問題（圖8-3）。若是在皮膚受傷、屏障功能受損的狀態下接觸到異物，該異物會侵入體內和蘭格漢氏細胞等免疫細胞產生反應，就會變成過敏狀態（稱作致敏），[*4]結果就對含有那個異物的食物過敏。像這樣，異物從皮膚侵入體內造成過敏的現象稱為「經皮致敏」。

## 圖8-2　出生後6個月以內的嬰幼兒使用含有花生油的潤膚霜與花生過敏發病率的關係

A 使用含有花生油的潤膚霜的比率

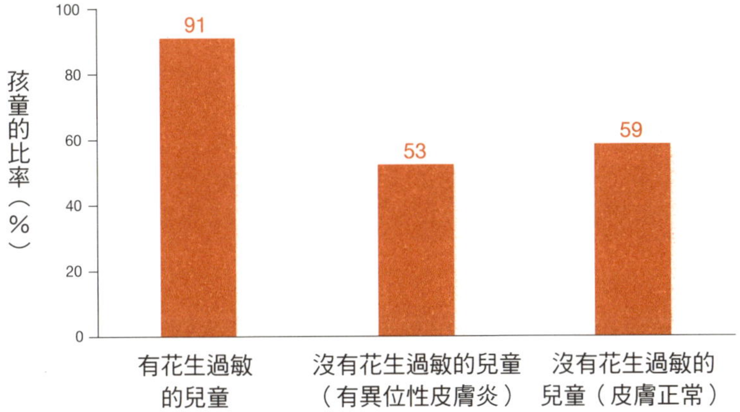


B 使用不含有花生油的潤膚霜的比率

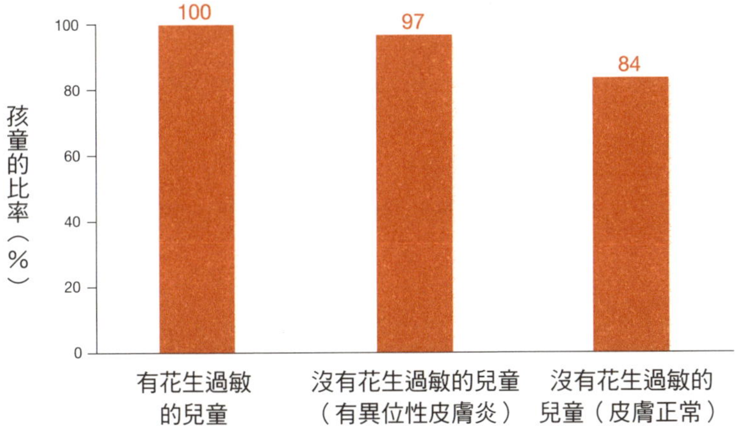


出處：Lack G. 2003

圖8-3　異物從受傷的皮膚侵入體內，引發食物過敏

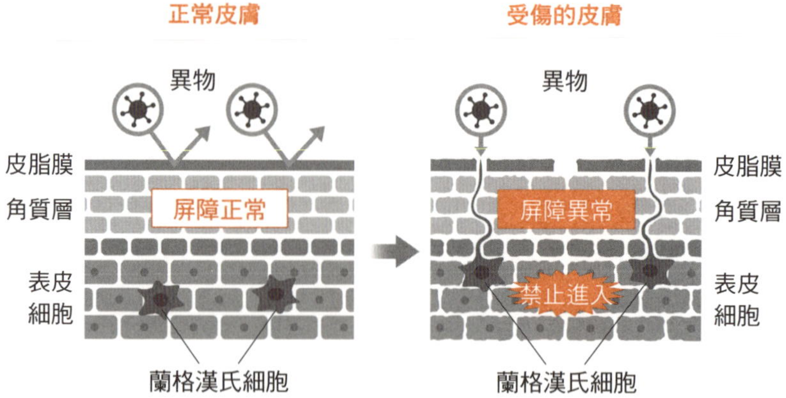


出處：參考Yoshida K. 2014編輯製作
Illustration by Naoki Matsuo

## 異位性皮膚炎的改善原理

經皮致敏不只會引發食物過敏，異位性皮膚炎也和經皮致敏有關。目前已有實證指出，**皮膚保持健康，維持屏障功能就能抑制異位性皮膚炎的發病**。例如，堀向健太等人進行的研究中做了一項實驗，[*5]將異位性皮膚炎發病風險高的一一八名新生兒隨機每天一次全身塗抹潤膚霜（商品名：2e）的組別，以及只在皮膚乾燥的部位塗抹凡士林的組別。結果顯示，**全身塗抹潤膚霜的組別，異位性皮膚炎的發病率下降**（圖8-4）。

這項研究的複製性研究[*6]是二〇二〇年發表的「BEEP——加強屏障以預

## 圖8-4　新生兒全身塗抹潤膚霜，維持屏障功能，可預防異位性皮膚炎

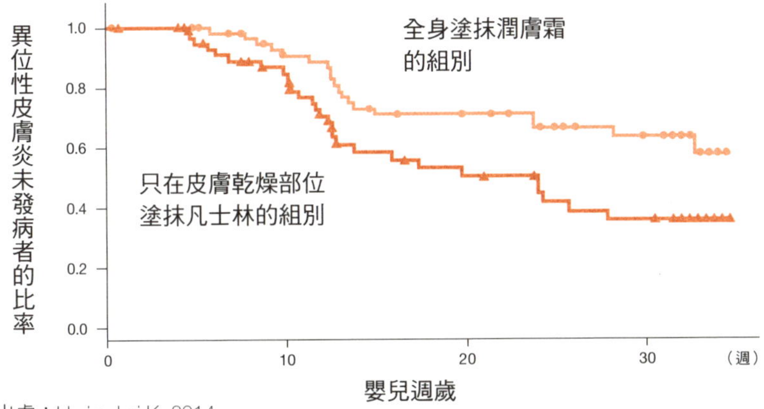


出處：Horimukai K. 2014

防濕疹」（Barrier Enhancement for Eczema Prevention）研究。在英國以一三九四名高風險的新生兒為對象進行的這項研究，結果指出在新生兒期積極使用潤膚霜的組別與進行標準護膚的組別，兩歲時的異位性皮膚炎發病率沒有統計的顯著差異。不過，這項研究也被指出多個限制。[*7]

前述的日本研究是使用含保濕成分的潤膚霜，但BEEP研究是使用不含保濕成分的潤滑劑。此外，進行標準護膚的組別是適度進行保濕，所以可能無法出現差異。保濕對預防異位性皮膚炎是否真的有效，有待今後的研究證實，但為孩子的肌膚確實做好保濕並沒有壞處，筆者認為應該為孩子做好保

濕。

而且，經皮致敏不只發生在兒童身上，也可能發生在成人身上。過去在日本，使用了化妝品公司「悠香」（福岡縣）製造販售的「茶滴皂」的人發生小麥過敏的事件喧騰一時。[*8] 總計二一一一人發生食物過敏，當中二五%是過敏性休克、四三%是呼吸困難等，許多人出現重症情況。這個香皂含有加水分解的小麥蛋白質「水解小麥蛋白」（Glupearl 19S），反覆使用引發經皮致敏，結果變成小麥過敏。

## 最新研究：早期攝取食物反而能預防過敏

那麼，至今許多人相信「在消化功能尚未發育成熟的時期，攝取某些食物會引發過敏」這個假設又是如何？其實，根據後來的研究結果，這極有可能是錯誤的假設。不僅如此，經口攝取異物還可能預防過敏。

根據二〇〇八年公布的一項研究結果，[*9] 英國有花生過敏的兒童約一・九%，但以色列有花生過敏的兒童僅約〇・二%。出生後八～十四個月的以色列嬰幼兒每月平均攝取七公克（按蛋白質重量計）花生，英國嬰幼兒平均攝取零公克，因而推論：提早讓孩子在離乳時期攝取花生，可能降低花生過敏發病率。

基於這些新的研究結果，二〇〇八年美國兒科學會撤回以前的聲明：「應該盡可能延遲嬰幼兒攝取可能成為過敏來源的食品」。

後來，兩項大規模的研究結果也表明，早期經口攝取過敏原可有效預防過敏發病。第一項研究是二〇一五年發表的「LEAP——早期了解花生過敏研究」（Learning Early About Peanut Allergy）。[*10] 研究中將六四〇名出生後四~十個月過敏發病風險高的嬰幼兒，隨機分成避免食用花生的組別與每週吃數次花生的組別，進行追蹤調查。結果這些孩子到了五歲時，積極攝取花生的組別，花生過敏的發病機率降低八〇%（避免食用花生的組別的花生過敏發病率是一三·七%，積極攝取花生的組別是一·九%）。

第二項研究是二〇一六年發表的「EAT——耐受度探究」（Enquiring About Tolerance）研究。[*11] 將接受母乳哺育的一三〇三名嬰幼兒隨機分成兩組，一組是出生後三~五個月提早攝取六種容易引發過敏的食材（花生、蛋料理、牛奶、芝麻、白肉魚、小麥），另一組是出生六個月後才開始攝取。提早攝取的組別的食物過敏發病率是五・六％，一般時期開始攝取的組別是七・一％，乍看之下似乎有差異，但在統計上則不具意義。

不過，近年發表的複製性研究的結果說明了，[*12]在遺傳要因等過敏風險高的兒童中，兩組之間確實有差異。兒童若提早攝取容易引發過敏的食材（該組別中，實際攝取的只有四三％），花生與雞蛋過敏的發病率較低。另一方面，其他食材的過敏發病率並未出現差異。

根據這些研究結果，二〇一九年三月美國兒科學會發表了新的指引，花生過敏發病風險高的兒童（有重度濕疹或雞蛋過敏的兒童），建議出生後四～六個月積極攝取花生。[*13]不過，讓嬰幼兒經口攝取過敏風險高的食材，也可能引發重度過敏反應。經口攝取的時間點依個別的過敏風險而異（可透過血液檢查等評估食物過敏的風險後，再開始經口攝取），不要光憑指引進行判斷，請和了解孩子狀況的兒科醫師商討。

目前的結論是，異物從皮膚（特別是受傷的皮膚）侵入體內是造成過敏的原因，但經口攝取反而會降低過敏風險。關於過敏還有許多未知，今後出現新的研究結果可望達到更有效的預防與治療。

**RULES**

- 異物從受傷（膚況粗糙等）的皮膚侵入體內引發食物過敏。
- 出生後，提早攝取異物可能預防過敏。
- 皮膚保持健康，維持屏障功能，可抑制異位性皮膚炎的發病。

# 花粉症

## 造成經濟損失高達兩千八百億

每年到了初春，不少日本人擔心花粉症而感到憂鬱。有報告指出，在日本每四人就有一人罹患花粉症，隨著時代變遷，近半數的日本人都會罹患花粉症（圖8-5），可說是日本的國民病。

花粉症雖然非危及性命的重病，也讓許多人眼睛或鼻子發癢很難受，導致生活品質大幅下降。也有調查結果顯示，花粉症造成的經濟損失高達兩千八百億日圓。本章將探討對生活造成莫大影響的花粉症。

## 花粉症的流行，與最遍布的這種樹有關

花粉症是指，由花粉導致過敏的症狀，花粉進入眼睛，眼睛會發癢、流淚、充

## 圖8-5　各年齡層的柳杉花粉症盛行率

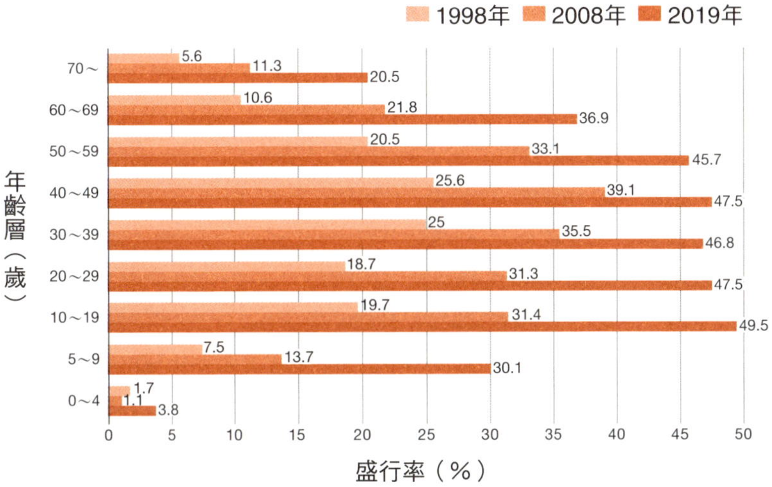


出處：過敏性鼻炎診療指引2020年度版（http://www.pgmarj.jp/index.php）

血（過敏性結膜炎）。花粉進入鼻腔會流鼻水、打噴嚏（過敏性鼻炎），症狀嚴重的人有時會因為鼻塞而頭痛、發低燒、全身倦怠無力等。

在日本，花粉症約七成的原因是柳杉花粉，這與日本國土的一二%、全國森林的一八%是柳杉林有關。柳杉花粉導致的柳杉花粉症在一九六三年首次被公布，[*1]一九六〇年左右開始劇增，一九八〇～二〇〇〇年之間，柳杉花粉症患者增加了二・六倍。[*2]戰後復甦期的日本，農林水產省在日本各地使用成長快速、建材價值高的柳杉或日本扁柏進行大規模的人工植樹造林，使得柳

## 圖8-6　飛散的柳杉花粉量

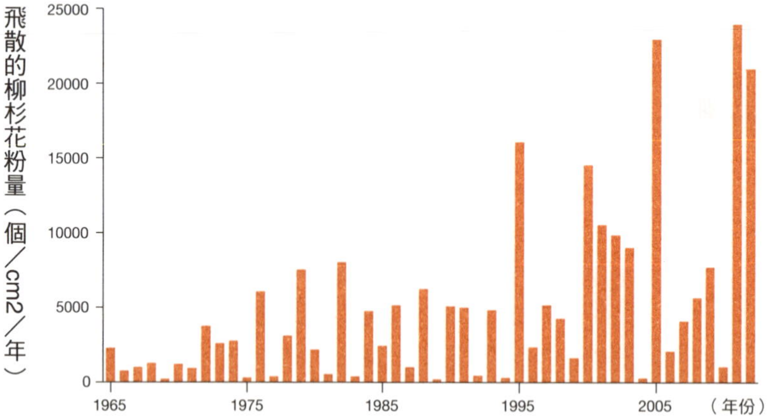


出處：Yamada T. 2014〔*3〕

杉花粉的飛散量增加。再加上，一九六四年撤除進口木材的關稅（木材自由貿易化），日本國內的柳杉需求減少，未被砍伐的柳杉林放任生長，於是暴露在大量柳杉花粉之中的日本人罹患柳杉花粉症。從圖8-6也能知道**柳杉花粉的飛散量逐年增加**。

柳杉花粉的飛散量每年不同，夏季氣溫高，促進花芽發育，隔年春天的花粉飛散量就會變多。[*4]反之，若是冷夏（夏季三或兩個月氣溫明顯低於往年平均值），隔年春天的花粉量會減少。因為地球暖化，柳杉花粉飛散的時期變長，但不光是如此，可能也和花粉量增加有關。

事實上，日本並非各地都有大量的柳杉

花粉飛散，北海道的柳杉花粉飛散量極少，沖繩沒有柳杉，所以有些人搬到北海道或沖繩後，花粉症因而痊癒（更準確地說，只是抑制症狀，如果搬回原居住地又會復發仍有機率）。

聽到花粉症，多數日本人都會想到柳杉，其實這是日本（或亞洲部分國家）特有的現象。當然，其他國家也有花粉症，但柳杉的數量不像日本這麼多，原因不同。歐洲是禾本科植物，美國是豬草（瘤果菊）的花粉症居多。

## 最有效的兩個生活對策

最有效的花粉症對策是，讓自己暴露於有花粉的環境。為避免眼睛或鼻子接觸到花粉，戴上口罩或護目鏡是有效的預防對策。從外面回到家時，因為衣服或頭髮等沾附花粉，立刻換衣服、沖澡也能有效防範。經常打掃家裡，清除殘留的花粉也很重要。

此外，用生理食鹽水清洗鼻腔，去除鼻腔黏膜殘留的花粉，對改善症狀也很有效。[*5]

不過，別用自來水清洗鼻腔，請使用市售的洗鼻器或洗鼻液，或是煮沸消毒的冷開水。日本的自來水有加氯消毒，直接飲用會被胃酸再次消毒，所以很安全[11]。但要注意的是，用來清洗鼻腔則無法被胃酸消毒。有報告指出，用自來水清洗鼻腔引發了非結核分枝桿菌引起的慢性鼻竇炎。[*6] 國外也有報告指出，使用被污染的自來水清洗鼻腔，讓「食腦變形蟲」這種阿米巴原蟲進入腦內，引發腦膜腦炎而死亡。福氏內格里蟲棲息在湖泊或水池，日本的自來水並未發現其存在，但到國外旅行時，清洗鼻腔要格外留意。

## 控制症狀的對症治療

在醫學治療方面，有控制症狀的「對症治療」（治標）與根治花粉症的「對因治療」（治本）。

進行對症治療能讓許多人的症狀緩解，照常生活，而對於有些人卻沒有顯著改善。為了幫助那些人，近年出現了新的對因治療。接下來個別介紹這兩種治療。

首先是對症治療，主要症狀是打噴嚏、流鼻水的情況，使用第二代抗組織胺藥（Antihistamine）、化學傳導物質游離抑制劑[12]。抗組織胺藥是最常使用的藥物，效果的持續時間與副作用產生的嗜睡程度依種類而異，選擇適合自己的藥品很重要。

如果主要症狀是鼻塞，適用白三烯素拮抗劑[13]或類固醇鼻噴劑。或許有些人聽到類固醇會覺得副作用很可怕。口服類固醇藥物或打點滴確實會有免疫功能下降、糖尿病風險提高、臉部水腫（月亮臉）等副作用，但鼻藥水是直接噴在鼻黏膜，幾乎不會出現那些全身性的副作用。有時頂多會有刺激感、乾燥感、鼻出血等鼻腔的副作用。

此外，目前也有以雷射燒灼鼻內黏膜，讓過敏反應不易發生的治療法。

11（譯注）台灣的自來水符合飲用水的水質基準，但台水公司仍建議煮沸後再喝。
12（作者注）商品名稱咽達永樂（Intal）、利喘敏（Rizaben）、炎即爽（Alegysal）等。
13（作者注）Leukotriene antagonist，商品名稱 Onon、欣流（Singulair）、Kipres、普侖司特（Pranlukast）等。

## 以根治為目標的新療法

前述的對症治療是主要療法，也有根治花粉症的對因治療，那就是過敏原免疫療法。

目前有注射稀釋的花粉萃取物，之後慢慢提高濃度，獲得花粉症免疫力的減敏療法（皮下注射免疫療法），以及舌下含服藥物獲得免疫力的舌下免疫療法。

比起皮下注射免疫療法，舌下免疫療法的副作用少，而且皮下注射免疫療法是在醫療機構進行，舌下免疫療法可以自己在家做，所以現在日本已經不進行皮下注射免疫療法。

二〇一四年，用於柳杉花粉症舌下免疫療法的「Shidatoren」藥液在日本成為適用健保的藥物，二〇一七年改善此藥液的「Shidacure」口溶錠獲得認可，於是二〇一九年四月停止販售Shidatoren。

關於Shidacure，有一項針對一〇四二名柳杉花粉症患者進行的實驗，[*7]顯示這個藥物能夠讓症狀減輕二〇~三〇%。順帶一提，雖然沒有柳杉花粉的相關研究，但有報告指出，透過花粉症免疫療法可預防同樣因為免疫反應發病的支氣管氣喘（現階段在日本，尚未將舌下免疫療法列入適用健保的氣喘治療）。[*8]

要接受這些治療必須經過醫師診斷，請至醫療機構就診，與醫師商討。

## RULES

- ✓ **最有效的花粉症對策是盡可能不要接觸花粉，清洗鼻腔也很有效。**
- ✓ **目前已有舌下免疫療法等根治花粉症的療法。**

RULE 9

# 營養補充品

## 省時間、維持健康的好選擇

在意健康的人多少會吃一、兩種營養補充品。有很多人討厭吃藥，卻不排斥吃營養補充品。因為經常外食或是忙碌而過著不健康的飲食生活，有些人會想靠著吃營養補充品「抵銷」那些不良影響。「就算對改善健康沒什麼效果，至少沒有副作用，那就吃吃看吧」，帶著不無小補心態吃營養補充品的人似乎也不少。平時要維持健康的飲食生活不容易，要是吃營養補充品就不用那麼費事——這或許是多數人依賴營養補充品的理由之一。不過，我們對於營養補充品的這些印象真的正確嗎？

超商或藥妝店販售了許多營養補充品，維生素、軟骨素、膠原蛋白、輔酶Q10、胎盤素、大蒜精等，種類多到數不清。根據研究估計，二〇二〇年度的日本健康食品與營養補充品的市場規模約一兆四千億日圓。[*1]

## 營養補充品大多無效

如果吃營養補充品會變健康，是再好不過。那麼，營養補充品對健康的影響，從實證的觀點得知哪些事呢？

先講結論，對健康有好處的營養補充品很少。營養補充品的市場規模龐大，因此獲利的企業很多。這些企業積極提供資金進行研究，[*2]不過各種相關研究大都沒有獲得期待的效果。

舉例而言，目前世界上最常進行研究的兩種營養補充品是n-3脂肪酸與維生素D。n-3脂肪酸包括了α-亞麻酸（ALA）、二十碳五烯酸（EPA）、二十二碳六烯酸（DHA）等，魚類或堅果類所含的「有益健康的油脂」。由於有些研究結果證實，魚類或堅果類攝取量多的人，罹患心肌梗塞或腦梗塞等因動脈硬化堵塞血管引發的疾病風險較低，n-3 脂肪酸被認為可能是原因成分，所以持續進行研究。

二〇一八年，考科藍[14]統合 n-3 脂肪酸的相關實證進行驗證。鑑定了七十九項 n-3脂肪酸的相關實驗（總計一一萬二〇五九名受試者），[*3]當中二十五項被評估為高品質的研究受到檢驗。[*3]結果顯示，攝取 n-3 脂肪酸對因心肌梗塞等疾病造成的死亡機率沒有影響。

再進一步檢視，攝取 α-亞麻酸，心律不整的風險從三・三%下降至二・六%，僅微幅下降，因為效果太小，研究者判斷 n-3 脂肪酸對心臟幾乎沒有好處。而且在二〇一九年的另一項報告中，進行兩萬五千人以上的大規模試驗「VITAL試驗」[*4]（這項研究的設計能夠評估 n-3 脂肪酸與維生素D的效果），結果也指出服用 n-3 脂肪酸的營養補充品，罹患癌症及心肌梗塞的風險沒有下降。

那麼，備受期待的另一種營養補充品維生素D又是如何呢？遺憾的是，以目前的結論來說，維生素D「尚無對健康有益的實證」。二〇一四年發表的考科藍瓡告，[*

14（作者注）Cochrane，全世界的研究者共同統合、發表實證，總部在英國倫敦的研究團隊。

鑑定了一百五十九項實驗結果，當中五十九項是高品質可評估的研究。[5]

結果顯示，高齡者族群服用維生素D3（維生素D分為菇類所含的維生素D2，以及魚類所含的維生素D3）可能降低死亡率，但整體研究品質不高，維生素D對健康的好處不顯著。維生素D或鈣補充品能否預防骨折同樣實證不足，因此結論是，服用維生素D無法斷言對健康有無好處。不過，有人主張維生素D本來就是日曬後，人體皮膚自行合成的營養素，所以不須吃營養補充品（當然也有人主張，單靠身體合成的維生素D不足）。前述的VITAL試驗也評估了維生素D營養補充品對健康的影響，[*6]結果顯示，與安慰劑（沒有任何效果的假藥）相比，引發癌症或心肌梗塞的風險沒有改變。

## 購買營養補充品前要知道的真相

那麼，應該服用怎樣的營養補充品比較好呢？我需要服用營養補充品嗎？有些人或許會有這樣的疑問。《美國醫學會期刊》（*The Journal of the American Medical*

*Association*）有一段針對患者的說明文，在此加上部分說明供各位參考[*7]。

(1) **營養補充品有時也含有有害健康的成分，和藥物或其他營養補充品一起服用，可能會危害健康**（在美國，推估每年約有兩萬三千人因服用營養補充品而危害健康，被送醫急救）。

(2) 營養補充品的管制鬆散，國家機構幾乎未對安全性或效果進行評估。

(3) **透過營養均衡的飲食，通常能夠攝取維持健康的必要維生素與營養素**。日本人常被指出缺鈣，但如前所述，鈣補充品可預防骨折一說實證不夠。

## 對四類人而言是必需品

另一方面，有些人必須服用營養補充品，像是：

(1) 可能懷孕的年齡，有懷孕計畫的女性。

(2) 有骨質疏鬆症，透過飲食無法充分攝取維生素D的人。

(3) 經血液檢查發現有維生素B12缺乏症、缺鐵性貧血、鋅缺乏造成味覺障礙等，被醫師指示服用營養補充品的人。

(4) 罹患消化系統疾病，接受手術後，出現營養吸收障礙的情況。例如，切除胃之後，經常會發生鐵質或維生素B12吸收障礙造成的貧血，或是鈣質吸收障礙造成的骨質疏鬆症。這時候建議服用營養補充品。

我在COLUMN 1提到，懷孕初期葉酸攝取量少，胎兒出現脊柱裂等神經管缺損的先天性障礙的風險會提高。懷孕期間需要的葉酸量比平常多，只從飲食攝取可能不足，建議服用葉酸營養補充品。懷孕前一個月開始攝取才有效，發現懷孕時才吃已經太遲。不只是有懷孕計畫的女性，可能懷孕的女性也建議服用葉酸營養補充品。

還有實驗結果顯示，懷孕二十四週起每天服用二．四公克的魚油營養補充品（EPA與DHA）會減少早產風險，[*8] 孩子出生後到三歲前，罹患支氣管氣喘或支氣管傳染病的風險會降低。[*9] 魚油營養補充品幾乎沒副作用，孕期女性可考慮服用。

若是在醫院被診斷出有缺鐵性貧血，被指示服用鐵質營養補充品的人，持續服用比較好。有些有味覺障礙的人，被醫院告知嘗試服用鋅的營養補充品，症狀因此獲得改善。像這樣，被醫師建議服用營養補充品的人，無法從飲食獲得足夠營養素，建議服用。

總歸一句話，不要抱持著「總覺得對身體好」的想法服用營養補充品。這不只對健康沒好處又浪費錢，如果混吃，有時還會對健康造成危害。另一方面，懷孕前的女性或被診斷出缺乏某營養素的人，營養補充品則是有益的。請好好思考自己屬於哪一種情況，聰明服用營養補充品。

## RULES

- 大部分的營養補充品，基本上吃了沒幫助。
- 有些營養補充品吃了反而有害健康。
- 有適合孕婦或特定疾病患者服用的營養補充品，請遵從醫師的指示。

## COLUMN 4

## 就醫常識

### 名醫排行榜值得相信嗎？

相信許多人年輕時很少去醫院，但過了四十歲之後，身體出現各種狀況，去醫院的機會變多了。事實上，在現代社會，臨死前沒有去過醫院的人非常少見。大部分的人都在人生中的某個時間點（多數是高齡之後）變得經常去醫院。

當身體感到不舒服時，應該找怎樣的醫院呢？日本的書店有許多「醫院排行榜」或「名醫排行榜」之類的書，這些書的內容值得相信嗎？

以結論來說，這些書的內容不可靠。因為有些惡劣的出版社會告訴醫院「只要付錢就會刊登在排行榜」。不只是書，就連網路或電視上所謂的醫院或醫師排行榜都不值得相信。

因為日本沒有客觀評估醫院或醫師治療成績的資料，在沒有資料的情況下，通常是根據同業的主觀評價製作排行榜，如此不可靠的指標不值得相信。可是，醫療的專業性高，除非是相同領域，否則難以評估同業的技術好壞。結果變成以傳聞或同事的評價等不確定的情報進行主觀的評估。

## 美國有公開醫院的治療成績

患者到醫院就診、接受治療，院方都會開立像收據一樣的單據，在醫界稱為醫療費用明細。在美國，這些來自繳費明細的資訊，被用來消除患者重病程度的影響，即得出死亡率、再住院率等資料並公開。患者只要上網搜尋就能比較該地區特定疾病的治療成績。

表 9-1 是美國人就醫前可以看到的醫院相關資料，國家公開的網站「聯邦醫院評估」（Hospital Compare）能夠看到各種資料。以下試著比較洛杉磯兩家知名醫院。加州大學洛杉磯分校附屬醫療中心（Ronald Reagan UCLA Medical Center），這是加州大學的附設醫院，也就是大學醫院（教學醫院），另一間西達賽奈醫療中心（Cedars-

Sinai Medical Center）是位於比佛利山莊的高級醫院，據說好萊塢名流都會去那裡。

請參閱表9-1，若是大腸手術，加州大學洛杉磯分校附屬醫療中心（因為術後併發症較少）看起來比較好。另一方面，若是心肌梗塞，西達賽奈醫療中心的治療成績比較好。儘管某醫院在某疾病擁有出色成績，但可能不擅長處理其他疾病，所以仔細查閱每個疾病的資料很重要。因為很容易看到這些資料，患者可依自身疾病的種類選擇最適合的醫院。

說到全美最佳醫院排行榜，莫過於《美國新聞與世界報導》（*U.S. News & World Report*）的排行榜。雖然也有其他排行榜，這是最廣為接受且認可的排行榜。《美國新聞與世界報導》的排行榜不同於日本的醫院排行榜，也會考量客觀的治療成績資料進行計算。具體來說，包含以下三種資料，並以平均值製作排行①結構（患者數、醫護人員數等醫院的基礎要素）、②過程（同業的評價、國家進行的患者滿意度調查資料）、③結果（患者的死亡率等）。也就是說，除了日本排行榜那樣的同業評價，也將死亡率等資料進行多方面評估，獲得數據。不過，《美國新聞與世界報導》無法獨自分析如此複雜的資料，而是和RTI國際[15]這家資料分析公司共同進行。

## 表9-1　聯邦醫院評估表

| | 加州大學洛杉磯分校附屬醫療中心 | 西達賽奈醫療中心 |
|---|---|---|
| 與居住地的距離 | ○○英里 | ○○英里 |
| 總分 | ★★★★☆ | ★★★★★ |
| 患者滿意度（5顆星） | ★★★★☆ | ★★★☆☆ |
| 人工髖關節或膝關節置換術後併發症發生率（全美平均2.4%） | 2.2%（接近全美平均） | 2.0%（接近全美平均） |
| 嚴重併發症的發生率（全美平均1.00） | 1.07（接近全美平均） | 1.30（劣於全美平均） |
| 大腸手術後的手術部位感染率→數字低較好（全美平均1.000） | 0.491（優於全美平均） | 1.137（趨近全美平均） |
| 心肌梗塞患者的死亡率（全美平均12.7%） | 11.4%（接近全美平均） | 9.5%（優於全美平均） |

出處：本表是筆者參考聯邦醫院評估（Hospital Compare）網站製成（2021年3月11日的資料）

15　RTI International，提供研究和技術服務的非營利組織。

像這樣，善用醫院評估網站或醫院排行榜等資訊，美國人能夠選擇治療成績較好的醫院。然而，日本的醫院排行榜並非根據客觀的資料，缺乏可信度。

其實，日本也有像美國一樣的醫療費用明細資料，所以在技術上可達成比較每家醫院的治療成績。但，日本的《個人資料保護法》不只將患者列入對象，醫療機構或醫師也包含在內，因此不能分析且公開各醫療機構與每位醫師的資料。礙於法規，日本人無法自行選擇好的醫院，真是令人遺憾。有些醫院好比東京聖路加國際醫院會自發性評估且公開醫療品質，但多數醫院不願以可被比較的形式公開資訊，民眾因而無法自行選擇最適合的醫院。如果大眾可根據客觀的醫療品質而非口碑選擇醫院，可促進醫院之間的良性競爭，進而提高整體醫療品質的水準。為了國民的健康，也為了減少不必要的醫療疏失，筆者認為應該將醫療機構或醫師從《個人資料保護法》的對象中排除，公開對社會大眾有幫助的資料。

## 如何找出「名醫」？

即使能夠選擇好的醫院，療效也大幅取決於讓哪一位醫師診斷。那麼，如何找出

「名醫」呢？

這實在是相當困難的問題，美國雖然有推行以醫師團體公開治療成績，每位醫師治療的患者數不多，推估的數值就會變得不穩定，無法準確計算。

若是外科醫師就簡單許多。一般來說，手術件數多的醫師，治療成績較好。也就是說，尋找自己必須接受的手術件數較多的外科醫師，讓那位醫師進行手術比較好。例如，擅長大腸手術的外科醫師未必擅長胃部手術（在日本，大腸診療領域的專家很少進行胃部手術）。因此，重點不是手術的「總數」，而是尋找自己被建議或告知需要接受的特定手術執刀數較多的外科醫師。雖然不易獲得外科醫師個人的執刀數資料，不過各醫院的網站會刊登手術件數的資訊，因此各醫院的手術件數倒是查得到。

多數人覺得年輕醫師不可靠，也有人認為女醫師無法信任，那麼這些醫師與治療成績有怎樣的關係呢？

日本沒有醫師資料庫，幾乎找不到能夠回答這個問題的研究；相較之下，美國有醫師資料庫，所以有許多有幫助的研究。筆者在這個領域，是美國提出最多論文的研究者之一。筆者以自己進行的研究，針對「怎樣的醫師是名醫」這個問題統整資料，將結果製成表9-2。

根據統整的資料，內科醫師是年輕女醫師的治療成績較好，外科醫師是五十多歲的女醫師達成最好的治療成績。另一方面，關於醫學院的排名，再住院率或醫療費用等只有些微的關聯。

進行這樣的研究時，最重要的是排除患者重症程度差異的影響。例如，年輕醫師治療的患者與年長醫師治療的患者可能有各方面的差異。若重症程度不同，就會不知道是鎖定醫師年齡的影響或患者重症程度的差異。

相關資料所含的資訊，以統計方法去除其影響（統計學上稱為「補正」）。不光是患者的年齡、性別、主要病名、併發症，居住地區的平均所得等社會要因也以統計方法進行補正。此外，除了患者的要因，使用醫師資料庫的資訊，在醫師的其他特性也進行補正。例如，女醫的平均年齡比男醫低，因此在評估醫師性別的影響時，沒有以醫師的年齡進行補正，就會不知道是醫師性別的影響還是年齡的影響。

有一件必須注意的事，這只是平均的醫師比較。平均來說，內科女醫的患者死亡率比內科男醫低，但每位醫師之間存在頗大差異。因此，患者選擇醫師時，比起性別

## 表9-2　醫師特性與表現的關係統整（美國的資料）

| | 內科醫師 | 外科醫師 |
| --- | --- | --- |
| 性別 | 內科女醫的患者死亡率與再住院率較低。〔*1〕 | 沒有差異。〔*2〕 |
| 年齡 | 年輕內科醫師的患者死亡率較低（不過，治療患者數多的醫師，年齡與患者死亡率並無關連）。<br>※其他研究團隊後來針對相同醫師進行4年的追蹤調查，內科醫師成為醫院整合醫學專科醫師（Hospitalist）後，患者死亡率第一年很高，第二年之後持平。〔*4〕<br>再住院率沒有差別，醫療費用是年輕醫師略低。〔*3〕 | 年輕外科醫師的患者死亡率較高。〔*2〕<br>※結合性別、年齡來看，五十多歲的外科女醫的患者死亡率最低。 |
| 醫療費用 | 醫師的醫療費用水準與患者的死亡率、再住院率無關。〔*5〕 | |
| 畢業的醫學院 | 畢業於臨床教育優良（初級照護排行榜名次較高）的醫學院的醫師，患者的再住院率低，醫療費用也較低，患者死亡率沒有差別。〔*6〕<br>畢業於研究水準高（研究排行榜名次較高）的醫學院的醫師，雖然醫療費用較低，患者死亡率與再住院率沒有差別。〔*6〕<br>畢業於他國（美國以外）醫學院的醫師的患者死亡率較低，醫療費用略高。患者的再住院率則沒有差異。〔*7〕 | 畢業於他國（美國以外）醫學院的外科醫師，與畢業於美國醫學院的外科醫師，在患者死亡率、術後併發症、住院天數沒有差異。〔*8〕 |

或年齡，醫師的評價或對待患者的方式等資訊更重要。至於「年輕醫師或女醫師令人擔心」是毫無根據的偏見。

RULE 10

# 新冠病毒、感冒、流感

## 感冒、新冠的基本自我診斷

感冒（普通感冒）已是與我們切身相關的疾病之一，據說兒童每年平均感冒五次，成人是每年兩～三次。[*1、2、3] 感冒是很常見的疾病，也是症狀輕微的疾病。身體健康的人即使感冒也很少變成危及性命的重病，通常休息幾天就會恢復。

感冒這類如此切身相關的疾病，和新冠肺炎（COVID-19）的症狀容易混淆，必須留意。一直以來，在天氣轉冷、空氣變乾燥的冬季所流行的疾病不是感冒就是流感（季節性流行性感冒），現在又多了新冠肺炎。

先說明一下新冠肺炎，新冠病毒是二〇一九年十二月在中國湖北省武漢市被發現的病毒，後來傳染擴及全球。二〇二一年十二月三日，全球已有二億六四二〇萬人確診，死亡人數超過五二三萬人。[*4] 為了預防疫情擴大，世界各地的城市實行封城，因而對經濟造成嚴重的打擊。

那麼，如何知道感冒與新冠肺炎的差異呢？感冒是能夠自然恢復的輕微疾病，新冠肺炎是肆虐全球的可怕疾病，應該很多人都是這樣的印象。

其實，冠狀病毒是感冒的病因之一，據說一〇～一五％的感冒是因為冠狀病毒而起，[*5] 人類在日常生活中感染的冠狀病毒有四種。盛行於二〇〇二到隔年的「SARS－嚴重急性呼吸道症候群」是由 SARS-CoV 引起，二〇一二年流行的「MERS－中東呼吸症候群」是由 MERS-CoV 引起。目前在全球流行的「新冠肺炎」則是 SARS-CoV-2 引發的「嚴重特殊傳染性肺炎」。感冒與新冠肺炎都是「冠狀病毒」所引發的疾病，因為種類不同，有時是像感冒那樣症狀輕微的疾病，（若是在人類尚無免疫力的情況下出現的新型病毒）就會變成新冠肺炎這樣引發重病狀態的疾病。

## 表10-1　新冠肺炎、MERS、SARS、西班牙流感、流感的比較

| | 確診人數 | 死亡人數 | 致死率 |
|---|---|---|---|
| 新冠病毒感染症（COVID-19）（2019～） | 2億6420萬人（2021年12月3日統計） | 1523萬人（2021年12月3日統計） | 0.2%（鑽石公主號郵輪是0.5%） |
| MERS（2012～） | 2519人 | 866人 | 34% |
| SARS（2002～2003） | 8000人以上 | 774人 | 9.6% |
| 西班牙流感（1918～1920） | 5億人（據說人數佔當時全球人口的1/3） | 5000萬人以上 | 2～3%？ |
| 流感 | 10億人（佔全球人口9%） | 30萬～65萬人 | 0.1% |

出處：參考書末〔＊6〕～〔＊10〕

## 新冠病毒比流感危險

新冠肺炎是和流感一樣的傳染病，這種主張不只在日本，在美國也時有所聞，

但這是誤解。新冠肺炎的致死率推估是〇・二％[16]，約是流感的兩倍（表10-1）。感染新冠肺炎，就算沒有死亡，必須依賴呼吸器或在加護病房進行治療的重病患者相當多。而且，痊癒後也會留下各種後遺症，**新冠肺炎可說是比流感更可**

16　（作者注）根據二〇二一年八月二十八日的資料。

怕的疾病。

接下來將就原因、症狀、治療方法，說明一般感冒、流感、新冠肺炎的差異。

## 三者的區別：病因

從圖10-1的呼吸道解剖圖可知，呼吸道是從鼻腔或口腔連接至肺部的氣管（空氣的通道），呼吸道分為上下兩個部分，鼻腔或口腔至咽喉稱為上呼吸道，氣管至肺部稱為下呼吸道，普通感冒是指上呼吸道感染病毒引起發炎的疾病。

八〇～九〇%的普通感冒是因病毒而起，主要感染源以鼻病毒（Rhinovirus）、冠狀病毒居多，其餘是呼吸道融合病毒（Respiratory Syncytial Virus）、副流感病毒（Parainfluenza virus，非流感病毒）、腺病毒（Adenoviruses）等。

至於流感是流感病毒的傳染病，分為A、B、C三型。原本盛行於寒冷季節，近年則全年皆有零散感染，以往的流感發生大變化而流行的疾病是「新型流感」。

新冠肺炎則是前文提到的SARS-CoV-2這種冠狀病毒引發的傳染病。

## 圖10-1 上呼吸道與下呼吸道

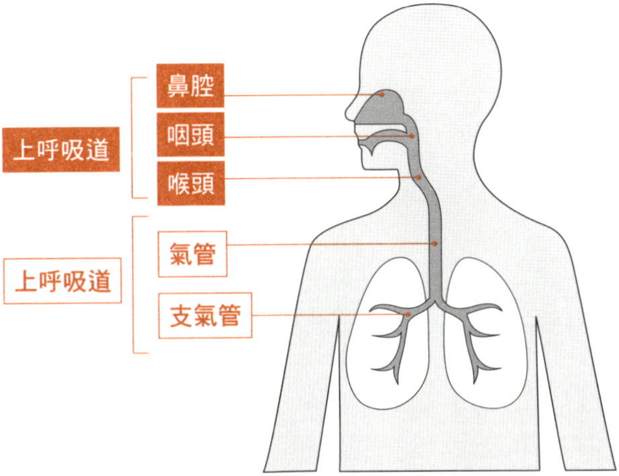


## 三者的區別：症狀

**普通感冒的主要症狀是鼻部症狀**（流鼻水、鼻塞），通常會伴隨喉部症狀（喉嚨痛）、三十八度左右的低燒、頭痛、全身倦怠等症狀。一般來說，感冒不會做檢測，是根據臨床症狀進行診斷。若**沒有鼻部症狀，可能就是感冒以外的疾病**。

流感的症狀則是突然發燒（通常是三十八度以上的高燒）、頭痛、全身倦怠、肌肉痠痛、關節痛等，以及持續出現咳嗽、流鼻水等上呼吸道症狀，約一週就會好轉。使用流感快篩試劑即可進行診斷，也能辨別是A型或B型。

症狀輕微、發低燒，症狀主要出現在鼻部的話，往往是感冒。假如症狀嚴重（全身倦怠），出現三十八度以上的高燒，主要症狀是關節痛或肌肉痠痛等全身症狀時，則可能是流感。

另外，除了感冒症狀還出現咳嗽、黃痰的話，可能是合併肺炎，此時殺菌劑很有效。不過，還是先到醫院接受診斷比較好。

然而，如前文所述，新冠肺炎的症狀和普通感冒或流感相似，初期階段難辨別。其實，約八成的新冠肺炎患者初期是出現感冒症狀，如果沒有變嚴重，約一週就會自然痊癒。但剩下的兩成患者在發病後的一週至十天左右，症狀變嚴重而必須住院，約一．四％的患者死亡。致死率依年齡有很大的差異，七十歲以上致死率明顯驟增。

重症化的新冠肺炎，首先會持續出現感冒症狀約一週，之後出現咳嗽、有痰、呼吸困難等症狀。約三成患者有嗅覺障礙或味覺障礙，[*11] 這是年輕人或女性常見的症狀。不過，普通感冒或鼻竇炎也會有嗅覺障礙或味覺障礙，所以出現這些症狀未必就是感染了新冠肺炎，覺得可能性很高的話，建議做檢測、接受診斷。

最後做個總結，新冠肺炎的症狀特徵是：①（重症患者）症狀持續時間較長；②

（合併肺炎的患者）咳嗽、有痰、呼吸困難等症狀嚴重；③部分患者出現嗅覺障礙或味覺障礙。

## 抗生素對感冒無效

感冒是靜養、補充水分與營養就能自然痊癒的疾病，不必使用對病毒無效的殺菌劑（抗生素）。症狀嚴重時會進行對症治療，給予緩解流鼻水的藥物或退燒藥等，通常兩～三天會自然痊癒。不過，喉嚨劇痛時，不是普通感冒，可能是急性扁桃腺炎（吞嚥食物或液體時，出現強烈的喉嚨痛是特徵），此時的病因是鏈球菌，必須服用殺菌劑。假如疑似急性扁桃腺炎，請至醫院就診。

其實，流感也是靜養、補充水分與營養就會自然痊癒的疾病。雖然可服用抗病毒藥物，但症狀只會縮短半天～一天左右，沒有太大效果。因為抗病毒藥物未在發病後四十八小時內服用不會有效，若要服用必須盡早接受診斷。而且，抗病毒藥物有副作用。有報告指出，克流感有嘔吐或腹瀉等副作用，紓伏效除了嘔吐或腹瀉，還有便血、鼻血、血尿等出血症狀。身體健康的人通常不必服用抗病毒藥物，在家中多休息就會痊癒。

不過，未滿五歲（特別是未滿兩歲）的幼兒、六十五歲以上的高齡者、有肺部或心臟慢性疾病的人、免疫抑制狀態的人、孕婦或產後兩週以內的產婦等，流感重症化風險高的人，建議服用抗病毒藥物。

說到新冠肺炎的檢測，分為確認現在有無確診的PCR核酸檢測與抗原檢測，以及曾經確診，確認有無免疫力的抗體檢測（表10-2）。

關於新冠肺炎的治療，不必進行氧氣治療的輕症患者，使用結合了Casirivimab、Imdevimab兩種單株抗體的雞尾酒療法，預防重症化的效果達七成。用於支氣管氣喘的吸入型類固醇布地奈德（Budesonide，常見商品名稱是可滅喘）也可降低確診者的住院率，有促進恢復的效果。另一方面，有併發肺炎，必須進行氧氣治療的患者，使用抗病毒藥物瑞德西韋或免疫抑制劑（愛滅炎〔Baricitinib〕或Tocilizumab等）、類固醇（Dexamethasone）皆有療效。

## 表10-2　新冠肺炎的檢測

| 種類 | 目的 | 檢驗方式與準確度 | 檢測場所與所需時間 | 防護具 |
|---|---|---|---|---|
| 抗原檢測（快篩） | 確認現在有無確診 | 檢測病毒具特徵性的蛋白質，準確度低於PCR核酸檢測。 | 在醫療機構，15～30分鐘 | 需要 |
| PCR核酸檢測 | | 放大檢測病毒的基因，準確度高。 | 在部分醫療機構或地方衛生研究所、民間檢驗機構，1～6小時 | 需要 |
| 抗體檢測（快篩） | 確認過去有無確診 | 檢測確診後血液中產生的蛋白質「抗體」，準確度高。 | 在醫療機構或民間檢驗機構，數十分鐘 | 不需要（標準預防對策需要戴手套） |

出處：本表是根據《每日新聞》
〔https://mainichi.jp/articles/20200512/k00/00m/040/264000c〕製成

## 留意接觸傳染

三種疾病的感染途徑相同，分為飛沫傳染與接觸傳染。

飛沫傳染是吸入咳嗽或打噴嚏飛散的飛沫而感染。飛沫飛散的範圍是兩公尺左右，為了預防飛沫傳染，戴口罩很重要。

接觸傳染是透過皮膚或黏膜的直接接觸，或是經由手、把手、扶手、開關、按鈕等表面的接觸，讓病原體附著而感染。雖然病毒不會直接經手傳染，但病毒附著的手接觸眼、鼻、口的黏膜就會感染。為了預防接觸傳染，勤洗手、戴手套或防護面罩（降低直接接觸眼鼻的頻率）、穿隔離衣都是有效的方法。新冠肺炎是藉由接觸傳染擴大感染，[*12] 其實感冒也是如此。[*13] 所以，為了預防感染這些疾病，除了戴口罩，還要勤洗手。

新冠肺炎與普通感冒、流感的相異之處是確診者傳染給周遭他人的可能性（傳染力）期間的長短。一般來說，感冒或流感出現症狀後即具有傳染力，但新冠肺炎在症狀出現前的時期（潛伏期）已具有傳染力，確診者可能不自覺就已經傳染給周遭他人。[*14、15] 因此，新冠肺炎可能是無症狀患者無意中傳染給周圍的人，所以才會難以控制疫情。身體因感冒或流感而變差，戴口罩是普遍的常識，但新冠肺炎不一定有症狀，所以即使是健康的人也要戴口罩很重要。

## 避免「三密」：密閉空間、密集人群、密切接觸

普通感冒、流感與新冠肺炎的相似點或相異點說明至此，不管是哪個疾病都可能傳染給他人，正確戴口罩、仔細清洗雙手等，做好這些預防對策，保持預防傳染擴大

的自覺。尤其是新冠肺炎，若是在：①密閉空間（空氣不流通的密閉空間）、②密集場所（多人群聚的場所）、③密切接觸情況（伸手可及的近距離談話或出聲的情況），在這三種條件下，感染擴大的風險會提高，避免「三密」很重要。

即使已接種新冠疫苗，這些傳染病並未消失，必須培養正確知識，平時養成降低傳染風險的生活習慣。

RULES

- 新冠肺炎不是「普通感冒」。
- 殺菌劑（抗生素）對感冒無效。
- 得到流感，不是非去醫院不可。
- 抗病毒藥物只會縮短症狀半天～一天左右，沒有太大效果。不過，幼兒或高齡者、罹患疾病者等具有重症化風險的人必須接受診斷。

# RULE 11

# 疫苗

## 疫苗如何發揮作用

疫苗是用細菌或病毒等病原體製成的無毒化或弱毒化的抗原（誘發免疫系統產產生抗體的物質），人類接種疫苗後，在體內促成對抗疾病的抗體產生，獲得免疫力。

自古以來流傳得過天花的人不會再得第二次，因此在亞洲施行將天花病患的痘痂（痘漿）接種在皮膚上獲得免疫力的人痘接種法，然而實際上有人感染天花死亡，所以並非安全的方法。到了十八世紀後半，發現感染牛痘（牛的傳染病）的人不易感染天花。

一七九六年，英國醫師愛德華・詹納（Edward Jenner）將牛痘的膿接種在八歲男

## 圖11-1　回答「我的孩子有接種疫苗」的比率（各國比較）

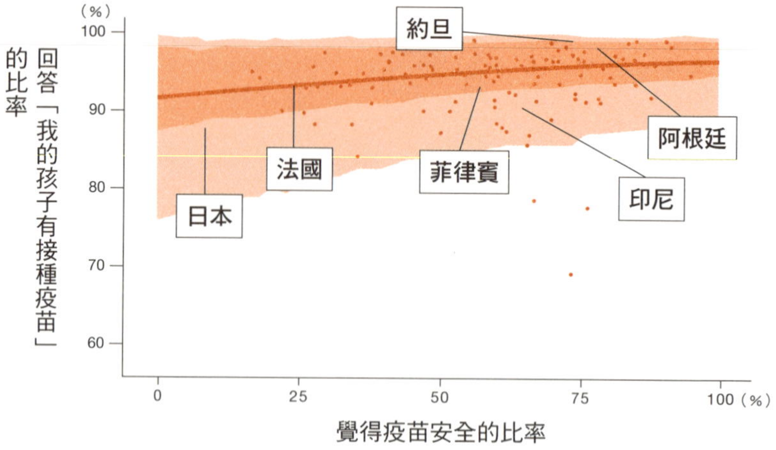


出處：Figueiredo A. 2020

孩身上，幾個月後再接種天花的膿，證實沒有感染，這是世界上最早的疫苗。因為不清楚這個方法為何能夠預防感染，當時的人也不認為這種方法對其他疾病有效，後來並未繼續進行疫苗的開發。到了一八八〇年代，法國微生物學家路易・巴斯德（Louis Pasteur）透過接種弱毒化的病原體產生免疫力，建立疫苗的基礎。

如今在世界上，疫苗能夠預防許多疾病，拯救無數性命，但日本人對疫苗卻沒有好印象。多數媒體的報導也是比起疫苗的效果，更聚焦在不良反應（副作用）。

或許各位並不知道，比起他國，日本對疫苗的信任度很低，回答「我的孩子有接種疫苗」的比率也比他國低。二〇二〇年進行的一項研究，[*1]調查一四九國對疫苗安全性的信任度，日本是繼蒙古、法國之後信任度第三低的國家。

## 令人退避三舍的ＭＭＲ疫苗

日本並非一直以來都是對疫苗抱持消極的態度，一九六〇年左右，為了消滅小兒麻痺病毒（Poliovirus）引起的小兒麻痺，日本國內發起抗議，要求政府許可進口小兒麻痺疫苗。一九七七年根據《預防接種法》，針對中小學生實施校內集體接種疫苗，當時孩子們會在學校體育館排隊輪流接種疫苗。

然而，一九八〇年代後半出現了轉變。一九八九～九二年爆出麻疹、腮腺炎及德國麻疹混合疫苗（ＭＭＲ疫苗）引發無菌性腦膜炎（Aseptic meningitis）的病例。有別於治療疾病的藥物產生的副作用，因為疫苗是施打在健康的人體，若出現不良反應會發生嚴重問題（出現非預期的有害影響，藥物稱為「副作用」，疫苗是「不良反應」）。遭受ＭＭＲ疫苗後遺症所苦的患者集體向政府提出訴訟，政府接連敗訴，被追究賠償責任。於是自當時起，日本政府與厚生省（現在的厚生勞動省）對於疫苗採取比他國消極的政策直到今日。[*2]

一九九三年MMR疫苗停止接種，一九九四年《預防接種法》修正後，所有疫苗從「義務規定」寬鬆限制為「鼓勵（努力義務）規定」，並且從「集體接種」變成「個別接種」。

## 流感疫苗的偉大功績

流感疫苗也遇到相似情況。一九七七～八七年，針對中小學生實施校內集體接種疫苗。然而，群馬縣前橋市醫師會公開了「前橋報告」，質疑流感疫苗集體接種的效果。其依據是，儘管流感疫苗對預防感染有效，卻遠遠不及當時主張的七〇％。[*3]有其他報告指出，接種流感疫苗後（與流感疫苗尚未有明確的因果關係）出現腦病變、腦炎等不良事件，甚至有向政府提出損害賠償的訴訟。結果，一九八七年法律修正為僅獲得監護人同意的人可以接種疫苗，一九九四年將流感從《預防接種法》的目標疾病之中刪除，流感疫苗變成自願接種。

二〇〇一年，世界最具權威性的醫學期刊發表的研究報告指出，[*4]日本停止流感疫苗的集體接種之後，死於流感或肺炎的人（主要是高齡者）增加，中小學生接種疫苗能夠保護高齡者減少感染流感。

這項研究結果推估，流感疫苗的集體接種，使全年三萬七千～四萬九千人的性命因而獲救，顯示出疫苗的群體免疫效果。此論文在群體免疫的重要性這點令人印象深刻，據說在美國成為鼓勵全民（除了未滿六個月的嬰兒或部分禁忌症）接種流感疫苗的根據之一。

由於那樣的歷史背景，現代的日本存在著兩大疫苗課題：「ＨＰＶ——人類乳突病毒」疫苗與新冠肺炎疫苗。

## 拯救年輕女性的ＨＰＶ疫苗

ＨＰＶ除了會引發女性的子宮頸癌，也會引發男性的口咽癌、肛門癌、陰莖癌等。日本每年約一萬人罹患子宮頸癌，其中有約兩千八百人死亡，患者數與死亡數皆增加（圖11-2）。

子宮頸癌是常見於二十～四十多歲的「年輕族群的癌症」，然而定期接受篩檢也無法完全預防。就算接受治療存活下來，治療的影響卻會提高流產的風險，或是必須進行全子宮切除手術。

只要有性行為的經驗，任何人都可能感染HPV，推估約八〇%有性行為經驗的人感染HPV。雖然大部分會自然排出體外，若在病毒未排出體外的長期感染狀態下，經過數年可能引發肛門癌、口咽癌、生殖器疣等，以及男性的陰莖癌、女性的子宮頸癌。

子宮頸的九五%以上是感染HPV所致，當中高度致癌的是HPV-16型與HPV-18型，而接種HPV可有效預防。在新潟縣進行的研究報告指出，[*5]接種疫苗可減少感染HPV（16、18型）的風險約九四%，是保護力非常高的疫苗。此外，來自瑞典的最新研究結果[*6]也證實HPV疫苗能夠減少罹患子宮頸癌的風險。

## 圖11-2　子宮頸癌死亡者數

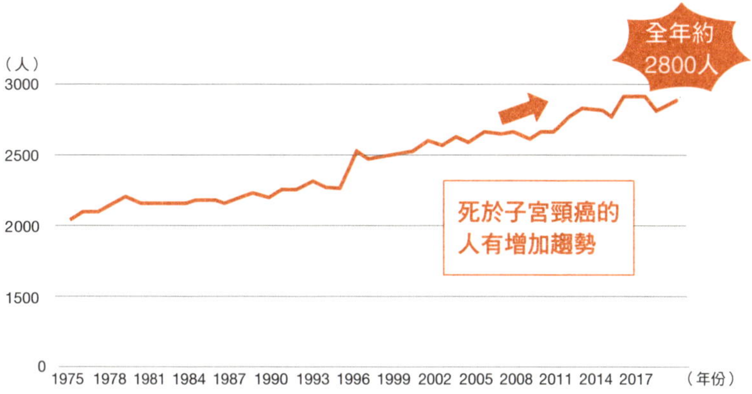


・許多先進國家因為篩檢的普及，死於子宮頸癌的人數減少。
・預估世界各國因為篩檢和疫苗接種的普及，罹癌人數減少。
・在日本，子宮頸癌的罹癌人數與死亡人數皆有增加趨勢。

## 圖11-3　子宮頸癌各年齡層的罹患率

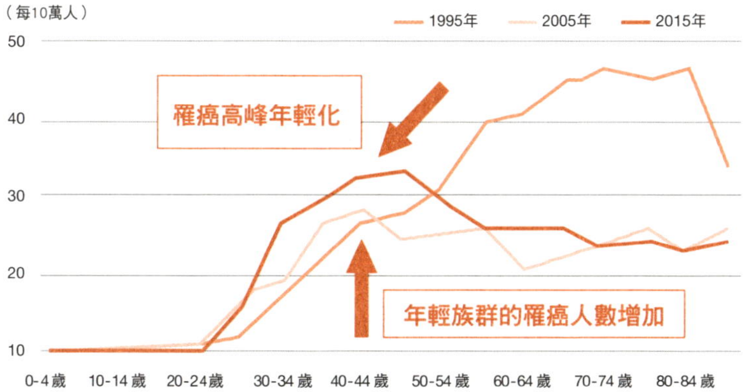


・子宮頸癌變成年輕族群的好發疾病。
・30多歲罹患子宮頸癌的人數增加。
・子宮頸癌必須進行治療，也會影響懷孕。

出處：兩表皆是根據日本國立癌症研究中心資訊服務的「癌症登記與統計」（がん登録・統計）資料的子宮頸癌數據製作而成。

二〇〇九年十月，葛蘭素史克藥廠的保蓓人類乳突病毒疫苗（Cervarix）在日本獲得藥物核准，同年十二月開始販售。二〇一〇年接種費用改由公費負擔，二〇一〇年十一月推行公費負擔的子宮頸癌等預防疫苗接種緊急促進事業，[*7] 二〇一三年四月根據《預防接種法》，ＨＰＶ疫苗變成定期接種的疫苗。稍早在同年三月左右，當時出現與疫苗沒有明確因果關係的昏厥、廣泛性疼痛、運動障礙的病例，媒體報導這些或許是疫苗的不良反應。於是，是年六月，日本政府決定，在針對症狀的發生頻率、或有無因果關係等進行詳細調查的期間，暫停施打ＨＰＶ疫苗的宣導。

二〇一八年在名古屋市以二萬九八四六人為對象進行的調查報告[*8] 指出，未接種ＨＰＶ疫苗的女性和已經接種ＨＰＶ疫苗的女性出現各種症狀的人數差不多，接種ＨＰＶ疫苗與這些症狀之間沒有因果關係。其實，這個研究是以ＨＰＶ疫苗與各種症狀之間有因果關係的假設進行的調查，但從結果看來，兩者之間不相關。

儘管情況如此，在日本積極鼓勵接種ＨＰＶ疫苗已經停止數年，二〇一二年尚有約六七％的女性接種ＨＰＶ疫苗，[*9] 但在二〇一六年大幅降至〇．三％（圖11-4），[*10] 二〇一九年也只有〇．六％。

圖11-4　HPV疫苗接種率（各國比較）

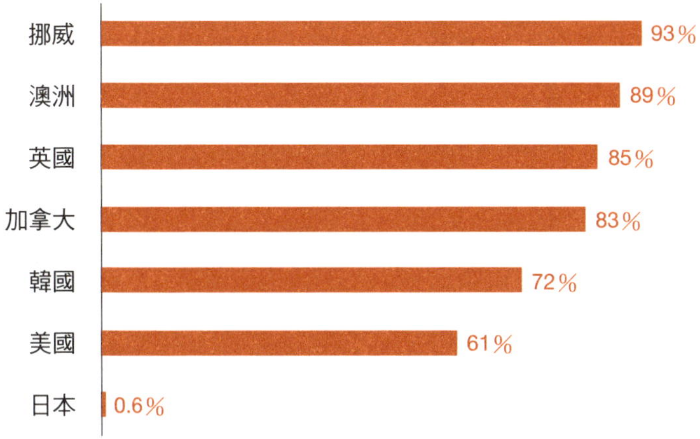


出處：WHO

二〇二一年十一月，日本政府決定重啟積極鼓勵接種ＨＰＶ疫苗，希望能夠改善接種率。

## 疫苗接受度、罹病率的因果數據

在日本對疫苗抱持消極態度的那段時期，世界各國持續推動接種ＨＰＶ疫苗，達成顯著成果。例如，世界其他國家死於子宮頸癌的人數減少，日本卻是增加。

雖然沒有證據指出，日本的死亡人數增加是因停止積極鼓勵接種ＨＰＶ疫苗，但ＨＰＶ疫苗證實在他國的死亡率降低發

## 圖11-5　各國的子宮頸癌死亡率（標準年齡化）的變化

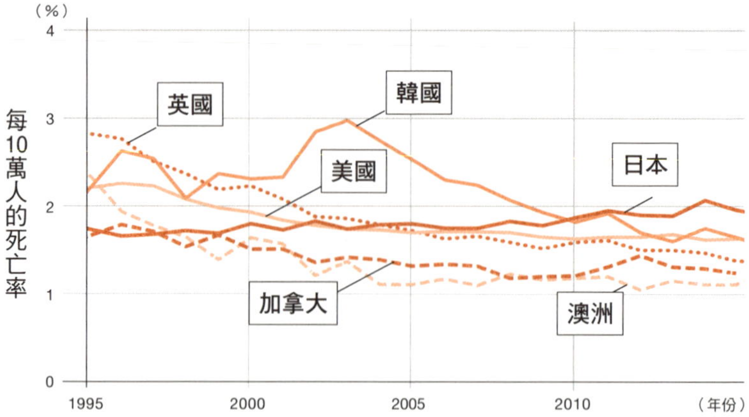


各國的子宮頸癌死亡率（標準年齡化）的變化

出處：WHO

揮了莫大效用。如圖11-5所示，積極接種HPV疫苗的澳洲也有研究結果顯示，在**二〇二八年之前能夠消滅子宮頸癌（準確來說，癌症發病率每十萬人不到四例）**。[*11]

附帶一提，如果想深入了解HPV疫苗的效果與不良反應，日本婦產科醫師組成的「minpapi！一起來了解HPV」（https://minpapi.jp/）有簡單易懂的說明，能解答許多相關的疑問。

由於過往發生的各種事件，相較於其他國家的人，日本人對疫苗的安全性抱持懷疑態度。再加上MMR疫苗不良反應的相關訴訟與其他藥害（藥物不良反應）的訴訟，日本政府對疫苗的不良反應風險比起他國顯得更為謹慎。

## 新冠疫苗：接種仍優於未接種

那麼，新冠疫苗有多少保護力與怎樣的不良反應呢？在預防發病的保護力，比起流感疫苗的三〇~七〇%，[*12] 新冠疫苗是相當高的七〇~九五%。在預防住院或加護病房治療的預防重症化效果，幾乎高達一〇〇%。雖然面對病毒變異株時，保護力可能下降，但mRNA疫苗（如輝瑞生產的疫苗）的優勢在能夠快速研發、製造更新的疫苗。

不良反應方面，比起接種安慰劑（不含疫苗有效成分的液體）的人，臨床試驗可評估的短期不良反應沒有增加，安全性頗高。雖然長期不良反應尚有不明確的部分，筆者認為至少在現階段，比起不接種疫苗而感染新冠肺炎的風險，還是接種疫苗比較有利。

關於新冠肺炎及疫苗，日本由醫師與公衛專家共同經營的網站「covnavi」

（https://covnavi.jp/）有詳盡的介紹，想知道最新資訊的人可上網瀏覽。

## 不接種疫苗的風險

筆者認同不要草率相信疫苗安全性，也別隨便鼓勵接種疫苗。而且，有別於生病的人服用的藥物，疫苗是施打在健康的人體，必須盡可能避免因此生病。

然而，另一方面也必須考慮「不接種疫苗的風險」，在日本缺乏這樣的觀點。因為停止鼓勵接種ＨＰＶ疫苗，造成每年許多女性不幸死於子宮頸癌。每年數名女性為了應該能夠預防的子宮頸癌接受子宮手術，甚至因此無法懷孕。

新冠疫苗也是如此，年輕人罹患新冠肺炎，或許症狀較輕微，但當中有些人變成重症，後來受後遺症所苦。有報告指出，即使沒有重症化，感染新冠肺炎的人痊癒後，可能留下味覺或嗅覺障礙等後遺症。不接種疫苗還會有傳染給周遭的高齡者或有基礎疾病者的風險。說到底，疫苗接種率不高的話，新冠疫情將難以平息，重啟經濟活動的時間不斷延後，造成莫大經濟損失。接種新冠疫苗引發的輕度不良反應（接種部位紅腫、倦怠感、肌肉痠痛等）較為常見，嚴重不良反應的過敏性休克很少見。筆者認為比起這些風險，被感染的風險更高，這正是「不接種疫苗的風險」。

是否要接種疫苗，最終是由個人做判斷。不過，筆者懇切期望無論是個人或國家都能確實理解疫苗的好處與壞處，做出最好的判斷。

**RULES**

- 疫苗是對抗傳染病的有力武器。
- 日本人普遍對HPV疫苗有誤解，接種率一度銳減至〇．三%。結果導致許多女性失去子宮，喪失寶貴性命。
- 新冠疫苗的保護力高，不要過度恐懼不良反應，正確理解疫苗的優缺點，做出是否要接種的判斷很重要。

# COLUMN 5 關於實證

本書介紹的健康習慣都是根據明確的科學根據（實證），在此想為各位說明實證是什麼，以及實證的等級。

實證的英文是「evidence」，日文翻譯為「科學根據」，意指研究結果。根據某項研究知道某特定食品有益健康，這個事實就是實證。

此外，並非使用數據就會成為實證。許多人應該都看過進行問卷調查後，以圓餅圖表示「滿意」或「稍微不滿意」的比率圖表。但，這類的圖表並不是研究者認定的實證。實證是使用更高等的方法進行評估的研究，因此可信度很高。

多數情況下，實證會成為論文。不是有論文就能完全相信，但在成為論文的過程中，通常需要三位以上的研究者進行同儕審查（中立第三方的專家閱讀論文，評核分析方法是否妥當、內容是否值得信任等論文的品質），評估研究是不是以正確的方法進行、研究結果導出的結論是否妥當等。通過評核後，只有被醫學期刊總編輯認可的研究結果，才會被當作論文刊登。

或許有人在日劇看過，醫師想盡辦法要讓自己的論文被刊登在期刊上，足見那是多麼嚴峻的競爭。沒有成為論文的研究結果等於沒有接受過任何人的評核，無法得知具有多少可信度。醫學界的學會發表沒有像論文進行如此嚴格的評核，可信度不高。儘管有些學會只讓通過審查的高品質研究進行發表，但有些學會只要申請就能發表。若是真正高品質的研究，多數在學會發表後會成為論文刊登在雜誌上，因此等待其發表也是常見的做法。

成為實證根據的研究概分為三種。第一種是調查人們過著怎樣的生活，評估那些人幾年後的患病機率，這稱為「觀察性研究」（Observational Study）。當然，過著健康生活的人與不健康生活的人存在著許多差異，不能直接比較。因此，要取得許多健康的相關資訊，以統計方法去除影響（如飲食或運動習慣的差異）後，分析患病機率。

第二種研究方法是，某集團依序投擲硬幣，擲出正面的人接受干預（吃某項食品或藥物），擲出反面的人不接受干預（或服用沒有任何效果的安慰劑）。硬幣出現正面或反面完全是偶然的機率，所有人都是以偶然的機率分組（實際上不擲硬幣，但依照這樣的概念）。採用這種方法，兩組唯一的差異在於是否接受干預。追蹤兩個組別，比較之後的健康狀態或患病機率，能夠正確評估干預的效果，這稱為「隨機對照試驗」（randomized controlled trial）。

不過，觀察性研究有一個缺點，調查時無法當作資料收集的某項要因，無法去除其影響。但隨機對照試驗除了是否接受干預（僅比較投擲硬幣時出現正面或反面的人），在其他部分，兩個組別相似。因此，隨機對照試驗是比觀察性研究更具可信度的優秀研究方法。

第三種是彙整觀察性研究或隨機對照試驗的「統合分析」（Meta-Analysis）。例如電視上介紹某項食品有益健康的研究結果，但除了那項研究還有其他研究，或許該食品在其他研究是有害健康的結果。假設十項研究中出現五項有益健康的結果，其餘五項也許是有害健康的結果。這時候該如何解釋呢?這世上存在著許多複數研究,未必都是相同結果。像這樣,有複數研究結果的情況,彙整那些結果,評估整體趨勢的方法就是統合分析。

統合分析有一個重要規則,假設有一百項研究結果,必須全部以中立的立場進行評估,不允許研究者「專挑」對自己的主張有利的研究結果。多數人或許沒時間仔細地逐一審查研究結果,透過統合分析的結果便可知道全貌。一般來說,統合分析比單獨的研究結果更值得信任。

統合分析分為彙整觀察性研究的統合分析、彙整隨機對照試驗的統合分析(也有彙整兩者的統合分析)。如前所述,因為隨機對照試驗的可信度高於觀察性研究,彙整隨機對照試驗的統合分析是最值得信任的「最強實證」。本書盡量不使用專業術語,以「統合複數研究的研究」或「統合○項研究的論文」等代指統合分析。

筆者有必須調查的事會先找統合分析,也會找類似研究的「系統性文獻回顧」(Systematic review,這是比較廣泛的概念,僅建立系統彙整論文,亦包含無法以統計方法匯總複數研究結果的統合分析)。先藉此理解全貌,若有必要,再閱讀記載各項

**圖11-6　「隨機對照試驗的統合分析」是最強實證（實證等級金字塔）**

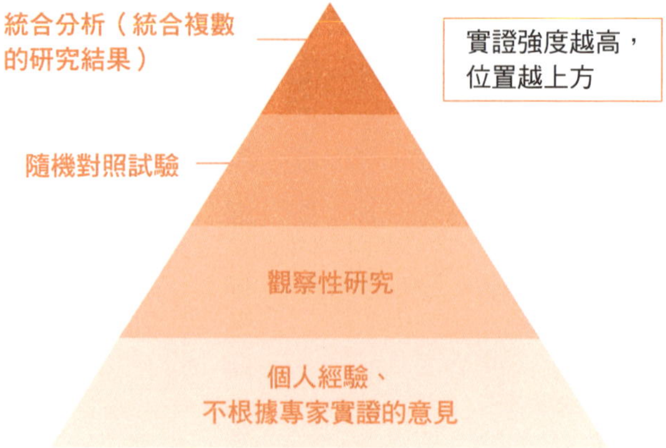


出處：筆者根據Guyatt G. 2015製成

研究結果的參考論文。

請參閱圖11-6，最值得信任的是統合分析（系統性文獻回顧），其次是隨機對照試驗，最後是觀察性研究。各位請記住，即使是醫師等專家，若非根據實證的意見就不值得參考。就算是「診斷過○萬名患者的資深醫師」、「諾貝爾獎得主」或「××大學名譽教授」說的話也不能輕易相信。如果不是依循正確程序的實證，那都只是「個人意見」。

本書只採用圖11-6之中等級高的實證，並且載明是根據哪一篇論文作為引用或參考文獻。

健康習慣的研究至今仍持續進行，經常出現新的知識見解。但本書的內容是基於多數值得信任的研究，書中建議的內容近期內不太會因為新的研究結果，而有大幅改變。

然而，人類不了解的事還有很多。在沒有實證（或實證不充分）的領域，筆者是根據醫學機制，用「大概是如此」的方式補充說明，並謹慎區分實證確立的部分與補充的部分。

後記

# 用正確資訊幫助自己改變生活習慣

我在二〇一八年出版了關於健康飲食的書籍，很榮幸得到廣大支持，同時也驚訝地發現，許多人因為無法獲得健康飲食的正確資訊而感到困擾。而且，看過那本書的眾多讀者也提出想知道飲食之外的健康資訊。

的確，飲食只是日常生活中的一小部分，我們平時進行許多「和健康有關的活動」，如運動、睡眠、壓力、沐浴等，每項活動的決定正在一點一滴地讓我們逐漸接近健康或遠離健康。

去書店或上網就能輕鬆獲得相關資訊，但那些資訊未必正確。遺憾的是，不正確的資訊氾濫，難以從中找出正確資訊。從街頭巷尾充斥的健康資訊當中選擇與取捨在醫學或科學上正確的資訊，簡直有如「大海撈針」。

況且許多人根本沒時間去書店或上網搜尋正確的健康資訊，只能聽信傳聞或電視報導、社交媒體的資訊，難以接觸到正確的健康資訊，所以很難變得健康。

於是，我心想能否代替忙碌的現代人彙整正確的健康資訊，透過淺顯易懂的說明，讓沒有醫學知識的人也能了解，因而獲得幫助。抱持這樣的想法，花費三年半的時間完成了本書。

書中除了今後如何改變生活習慣的資訊，還有說明理由與從研究結果得知的事。只是想知道自己應該怎麼做的人，閱讀本書便已足夠。如果想更進一步學習的人，可以閱讀本書介紹的論文等資料加深理解。

本書並非我獨力之作，而是在各方人士的協助下才得以順利完成。本書是《小說SUBARU》連載的文章加上新撰寫的內容，透過回答伊藤亮責編與《小說 SUBARU》的木倉優責編提問的形式進行撰文。兩位編輯出色的專業能力提升了本書的品質，若沒有他們的協助無法完成本書，在此表達無盡的感謝。

也要再次感謝〈前言〉提及的諸位醫師，因為他們的仔細評核，完成可信度高的內容。還要感謝二〇二〇年出版的《徹底比較全球的醫學研究後得知的最佳癌症治療》（Diamond 社出版）的合著者勝俣範之醫師與大須賀覺醫師。書中的專欄〈標準治療是最頂級治療〉是根據那本書的部分內容撰寫而成。另外，大阪母子醫療中心的今西洋介醫師也對本書的構成給予協助，以及漫畫家鈴木優老師精心描繪的封面插畫，在此向兩位致上謝意。

最後，由衷感謝理解我的工作，總是全力支持的妻子津川衣林梨與兒子友晴。獲得各方協助完成的本書，若出現任何錯誤全是我的責任，這點請各位理解。

我們都希望每天過得健康有活力，但說到實現這個目標的具體行動，內心會感到忐忑不安。即使做了許多事，很少人能夠充滿自信地說那些都是科學上正確的資訊。

培養正確知識，就會提高做出正確判斷的機率。本書彙整了生活習慣相關的正確知識，若能讓許多人閱讀，變健康的人也會增加。衷心期望透過本書讓更多人變得健康，度過幸福人生。

本書內容是由《小說SUBARU》連載文章〈讓你生病的「常識」〉改標撰寫
二〇一八年七、九、十一月號
二〇一九年一、三、五、七、九、十二月號
二〇二〇年二、四、六、七、九、十一月號
二〇二一年一、三、四、六月號

# 資料來源

## RULE 1　睡眠

＊1　Daghlas I et al. Sleep Duration and Myocardial Infarction. J Am Coll Cardiol. 2019;74（10）:1304-1314.

＊2　Domínguez F et al. Association of Sleep Duration and Quality With Subclinical Atherosclerosis. J Am Coll Cardiol. 2019;73（2）:134-144.

＊3　Genuardi MV et al. Association of Short Sleep Duration and Atrial Fibrillation. Chest. 2019;156（3）:544-552.

＊4　Besedovsky L et al. Sleep and immune function. Pfl ugers Arch. 2012;463（1）:121-137.

＊5　Kurina LM et al. Sleep duration and all-cause mortality: a critical review of measurement and associations. Ann Epidemiol. 2013;23（6）:361-370.

＊6　Patel SR & Hu FB. Short sleep duration and weight gain: a systematic review. Obesity（Silver Spring）. 2008;16（3）:643-653.

＊7　Cappuccio FP et al. Meta-analysis of short sleep duration and obesity in children and adults. Sleep. 2008;31（5）:619-626.

＊8　Spiegel K et al. Brief communication: Sleep curtailment in healthy young men is associated with decreased leptin levels, elevated ghrelin levels, and increased hunger and appetite. Ann Intern Med. 2004;141（11）:846-850.

＊9　Greer SM et al. The impact of sleep deprivation on food desire in the human brain. Nat Commun. 2013;4:2259.

＊10　Van Dongen HPA et al. The cumulative cost of additional wakefulness: dose-response effects on neurobehavioral functions and sleep physiology from chronic sleep restriction and total sleep deprivation. Sleep. 2003;26（2）:117-126.

＊11　Hafner M et al. Why Sleep Matters — The Economic Costs of Insuffi cient Sleep: A Cross-Country Comparative

Analysis.Rand Health Q. 2017;6（4）:11.

＊12 Dunster GP et al. Sleepmore in Seattle: Later school start times are associated with more sleep and better performance in high school students. Sci Adv. 2018;4（12）:eaau6200.

＊13 〔https://www.sleepfoundation.org/how-sleep-works/how-much-sleep-do-we-really-need〕を参照。

＊14 〔https://www.economist.com/1843/2018/03/01/which-countries-get-the-most-sleep〕を參照。

後注1 以抽籤或擲硬幣決定接受干預（藥物等）與不接受干預的組別，這稱為隨機對照試驗（Randomized Controlled Trial，RCT。詳細說明請參閱COLUMN5「關於實證」）。這個研究使用孟德爾隨機化（Mendelian randomization）分析方法，以基因變異（天生睡眠時間短與睡眠時間長的人）製造了隨機對照試驗的情況，因此結果具有高度可信度。

後注2 以抽籤或擲硬幣決定接受干預（藥物等）與不接受干預組別的RCT。因兩組唯一的差異僅有無接受干預，能夠正確評估干預的因果效應。另一方面，從旁觀察集團，比較接受干預與不接受干預組別的研究方法稱為「觀察性研究」。這時候，因為兩組有各種相異點，難以區分是否真的受到干預的影響，或是只受到其他要因的影響。雖然資料中的年齡或性別等要因，可以使用統計方法排除影響進行比較，但無法排除「健康意識」等要因的影響，因此觀察性研究得到的結果，可信度低於RCT。

## RULE 2 飲食

＊1 Bouvard V et al. Carcinogenicity of consumption of red and processed meat. Lancet Oncol. 2015;16（16）:1599-1600.

＊2 Takachi R et al. Red meat intake may increase the risk of colon cancer in Japanese, a population with relatively low red meat consumption. Asia Pac J Clin Nutr. 2011;20（4）:603-612.

＊3 Wang X et al. Red and processed meat consumption and mortality: dose-response meta-analysis of prospective cohort studies. Public Health Nutr. 2016;19（5）:893-905.

＊4 Kaluza J et al. Red meat consumption and risk of stroke: a meta-analysis of prospective studies. Stroke. 2012;43（10）:2556-2560.

＊5 Hu EA et al. White rice consumption and risk of type 2 diabetes: meta-analysis and systematic review. BMJ.2012;344:e1454.

＊6 Nanri A et al. Rice intake and type 2 diabetes in Japanese men and women: the Japan Public Health Center-based Prospective Study. Am J Clin Nutr. 2010;92（6）:1468-1477.

＊7 Aune D et al. Whole grain consumption and risk of cardiovascular disease, cancer, and all cause and cause specific mortality: systematic review and dose-response meta-analysis of prospective studies. BMJ. 2016;353:i2716.

＊8 Pimpin L et al. Is Butter Back? A Systematic Review and Meta-Analysis of Butter Consumption and Risk of Cardiovascular Disease, Diabetes, and Total Mortality. PLoS One. 2016;11（6）:e0158118.

＊9 Zhao LG et al. Fish consumption and all-cause mortality: a meta-analysis of cohort studies. Eur J Clin Nutr. 2016;70（2）:155-161.

＊10 Yamagishi K et al. Fish, omega-3 polyunsaturated fatty acids, and mortality from cardiovascular diseases in a nationwide community-based cohort of Japanese men and women the JACC（Japan Collaborative Cohort Study for Evaluation of Cancer Risk）Study. J Am Coll Cardiol. 2008;52（12）:988-996.

＊11 Mozaffarian D & Rimm EB. Fish intake, contaminants, and human health: evaluating the risks and the benefi ts. JAMA. 2006;296（15）:1885-1899.

＊12 Zheng JS et al. Intake of fi sh and marine n-3 polyunsaturated fatty acids and risk of breast cancer: meta-analysis of data from 21 independent prospective cohort studies. BMJ. 2013;346:f3706.

＊13 Wu S et al. Fish consumption and colorectal cancer risk in humans: a systematic review and meta-analysis. Am J Med.2012;125（6）:551-559.e5.
ただし、日本人におけるエビデンスは不十分である。

＊14 Song J et al. Fish consumption and lung cancer risk: systematic review and meta-analysis. Nutr Cancer. 2014;66（4）:539-549.

＊15 Wu S et al. Fish consumption and the risk of gastric cancer: systematic review and meta-analysis. BMC Cancer. 2011;11:26.

＊16 Szymanski KM et al. Fish consumption and prostate cancer risk: a review and meta-analysis. Am J Clin Nutr. 2010;92（5）: 1223-1233.

＊17 Wang X et al. Fruit and vegetable consumption and mortality from all causes, cardiovascular disease, and cancer: systematic review and dose-response meta-analysis of prospective cohort studies. BMJ. 2014;349:g4490.

＊18 Li M et al. Fruit and vegetable intake and risk of type 2 diabetes mellitus: meta-analysis of prospective cohort studies. BMJ Open. 2014;4（11）:e005497.

＊19 Zong G et al. Whole Grain Intake and Mortality From All Causes, Cardiovascular Disease, and Cancer: A Meta-Analysis of Prospective Cohort Studies. Circulation. 2016;133（24）:2370-2380.

＊20 Mellen PB et al. Whole grain intake and cardiovascular disease: a meta-analysis. Nutr Metab Cardiovasc Dis. 2008;18（4）:283-290.

＊21 de Munter JSL et al. Whole grain, bran, and germ intake and risk of type 2 diabetes: a prospective cohort study and systematic review. PLoS Med. 2007;4（8）:e261.

＊22 Estruch R et al. Primary prevention of cardiovascular disease with a Mediterranean diet. N Engl J Med. 2013;368（14）:1279-1290.

該論文因為研究計畫承認有問題的參與設施涉入，一度撤回。去除那些設施的資料後重新分析的論文（結果沒什麼改變），在二〇一八年重新刊登於同一本醫學雜誌。

Estruch R et al. Primary Prevention of Cardiovascular Disease with a Mediterranean Diet Supplemented with Extra-Virgin Olive Oil or Nuts. N Engl J Med. 2018;378（25）:e34.

*23 Toledo E et al. Mediterranean Diet and Invasive Breast Cancer Risk Among Women at High Cardiovascular Risk in the PREDIMED Trial: A Randomized Clinical Trial. JAMA Intern Med. 2015;175（11）:1752-1760.

*24 Salas-Salvadó J et al. Prevention of diabetes with Mediterranean diets: a subgroup analysis of a randomized trial. Ann Intern Med. 2014;160（1）:1-10.

*25 Bao Y et al. Association of nut consumption with total and cause-specifi c mortality. N Engl J Med. 2013;369（21）:2001-2011.

*26 Luu HN et al. Prospective evaluation of the association of nut/peanut consumption with total and cause-specifi c mortality. JAMA Intern Med. 2015;175（5）:755-766.

後注1 「統計顯著性」是指，具有非偶然的強烈關係性。

後注2 雖然美國人紅肉攝取量越多，死亡率較高，但歐洲人或亞洲人並無明確關係。

後注3 以日本人為對象的研究顯示，水果攝取量越多，腦中風或心血管事件（加上腦中風或心肌梗塞）的死亡率、總死亡率較低。不過，在蔬菜方面，雖然與心血管事件導致的死亡率有所關聯，和總死亡率並沒有顯著性的關聯性。這或許和日本人水果攝取量少、蔬菜攝取量多也有關。

## COLUMN 1 孕婦的飲食建議

*1 Levine SZ et al. Association of Maternal Use of Folic Acid and Multivitamin Supplements in the Periods Before and During Pregnancy With the Risk of Autism Spectrum Disorder in Offspring. JAMA Psychiatry. 2018;75（2）:176-184.

*2 Surén P et al. Association between maternal use of folic acid supplements and risk of autism spectrum disorders in children. JAMA. 2013;309（6）:570-577.

*3 Virk J et al. Preconceptional and prenatal supplementary folic acid and multivitamin intake and autism spectrum disorders. Autism. 2016;20（6）:710-718.

＊4 Strøm M et al. Research Letter: Folic acid supplementation and intake of folate in pregnancy in relation to offspring risk of autism spectrum disorder. Psychol Med. 2018;48（6）:1048-1054.

＊5 Feng Y et al. Maternal folic acid supplementation and the risk of congenital heart defects in offspring: a meta-analysis of epidemiological observational studies. Sci Rep. 2015;5:8506.

＊6 Force USPST et al. Folic Acid Supplementation for the Prevention of Neural Tube Defects: US Preventive Services Task Force Recommendation Statement. JAMA. 2017;317（2）:183-189.

＊7 Bi WG et al. Association Between Vitamin D Supplementation During Pregnancy and Offspring Growth, Morbidity, and Mortality: A Systematic Review and Meta-analysis. JAMA Pediatr. 2018;172（7）:635-645.

＊8 中林正雄「妊娠毒血症（子癲前症）的營養管理指南」《日產婦誌》

＊9 厚生勞動省「孕產婦的飲食生活指南『健康親子21』推動檢討會報告書」二〇〇六年

＊10 厚生勞動省「日本人的飲食攝取基準（2015年版）」二〇一五年

## RULE 3 運動

＊1 Lee IM et al. Association of Step Volume and Intensity With All-Cause Mortality in Older Women. JAMA Intern Med. 2019; 179（8）:1105-1112.

＊2 Saint-Maurice PF et al. Association of Daily Step Count and Step Intensity With Mortality Among US Adults. JAMA.2020;323（12）:1151-1160.

＊3 Althoff T et al. Large-scale physical activity data reveal worldwide activity inequality. Nature. 2017;547（7663）:336-339.

＊4 Lee DC et al. Running as a Key Lifestyle Medicine for Longevity. Prog Cardiovasc Dis.2017;60（1）:45-55.

＊5 Physical Activity Guidelines for Americans, 2nd edition. U.S. Department of Health and Human Services. 2018.

＊6 Moore SC et al. Leisure time physical activity of moderate to vigorous intensity and mortality: a large pooled cohort analysis. PLoS Med. 2012;9（11）:e1001335.

## RULE 4　減重

＊1 Mozaffarian D et al. Changes in diet and lifestyle and long-term weight gain in women and men. N Engl J Med. 2011;364（25）:2392-2404.

＊2 Bertoia ML et al. Changes in Intake of Fruits and Vegetables and Weight Change in United States Men and Women Followed for Up to 24 Years: Analysis from Three Prospective Cohort Studies. PLoS Med. 2015;12（9）:e1001878.

＊3 Seidelmann SB et al. Dietary carbohydrate intake and mortality: a prospective cohort study and meta-analysis. Lancet Public Health. 2018;3（9）:e419-e428.

＊4 Samaha FF et al. A low-carbohydrate as compared with a low-fat diet in severe obesity. N Engl J Med. 2003;348（21）:2074-2081.

＊5 Foster GD et al. A randomized trial of a low-carbohydrate diet for obesity. N Engl J Med. 2003;348（21）:2082-2090.

＊6 Yancy Jr. WS et al. A low-carbohydrate, ketogenic diet versus a low-fat diet to treat obesity and hyperlipidemia: a randomized, controlled trial. Ann Intern Med. 2004;140（10）:769-777.

＊7 Mohan V et al. Effect of brown rice, white rice, and brown rice with legumes on blood glucose and insulin responses in overweight Asian Indians: a randomized controlled trial. Diabetes Technol Ther. 2014;16（5）:317-325.

＊8 Kim TH et al. Intake of brown rice lees reduces waist circumference and improves metabolic parameters in type 2 diabetes.Nutr Res. 2011;31（2）:131-138.

＊9 Magnone M et al. Microgram amounts of abscisic acid in fruit extracts improve glucose tolerance and reduce insulinemia in rats and in humans. FASEB J. 2015;29（12）:4783-4793.

＊10 Menon M et al. Improved rice cooking approach to maximise arsenic removal while preserving nutrient elements. Sci

Total Environ. 2021;755（Pt 2）:143341.

* 11 Franz MJ et al. Weight-loss outcomes: a systematic review and meta-analysis of weight-loss clinical trials with a minimum 1-year follow-up. J Am Diet Assoc. 2007;107（10）:1755-1767.

* 12 Pontzer H et al. Hunter-gatherer energetics and human obesity. PLoS One. 2012;7（7）: e40503.

* 13 Melanson EL et al. Resistance to exercise-induced weight loss: compensatory behavioral adaptations. Med Sci Sports Exerc.2013;45（8）:1600-1609.

* 14 Paravidino VB et al. Effect of Exercise Intensity on Spontaneous Physical Activity Energy Expenditure in Overweight Boys: A Crossover Study. PLoS One.2016;11（1）: e0147141.

* 15 Thivel D et al. Is there spontaneous energy expenditure compensation in response to intensive exercise in obese youth? Pediatr Obes. 2014;9（2）:147-154.

* 16 Dhurandhar EJ et al. Predicting adult weight change in the real world: a systematic review and meta-analysis accounting for compensatory changes in energy intake or expenditure. Int J Obes（Lond）. 2015;39（8）:1181-1187.

* 17 Ross R et al. Reduction in obesity and related comorbid conditions after diet-induced weight loss or exercise-induced weight loss in men. A randomized, controlled trial. Ann Intern Med. 2000;133（2）:92-103.

* 18 Colberg SR et al. Exercise and type 2 diabetes: the American College of Sports Medicine and the American Diabetes Association: joint position statement. Diabetes Care. 2010;33（12）:e147-e167.

* 19 Fogelholm M & Kukkonen-Harjula K. Does physical activity prevent weight gain--a systematic review. Obes Rev. 2000;1（2）:95-111.

* 20 Schoeller DA et al. How much physical activity is needed to minimize weight gain in previously obese women? Am J Clin Nutr. 1997;66（3）:551-556.

* 21 Willis LH et al. Effects of aerobic and/or resistance training on body mass and fat mass in overweight or obese adults.

J Appl Physiol（1985）. 2012;113（12）:1831–1837.
＊22 Reiner M et al. Long-term health benefits of physical activity--a systematic review of longitudinal studies. BMC Public Health. 2013;13:813.

後注1 這項研究是採用交叉設計的隨機對照試驗（RCT），這種研究方法讓實驗組與對照組中途替換，檢驗健康資料的變化是否會逆轉。一般的隨機對照試驗是比較不同的組別，交叉設計則是同一組人比較吃白米與吃糙米的狀況，被視為能夠正確評估因果效應的研究方法。

## COLUMN 2　三高（代謝症候群）健檢

＊1 厚生勞動省「第14次受保人的健檢與保健指導等相關檢討會 資料」二〇一五年
＊2 Jørgensen T et al. Effect of screening and lifestyle counselling on incidence of ischaemic heart disease in general population: Inter99 randomised trial. BMJ. 2014;348:g3617.
＊3 Krogsbøll LT et al. General health checks in adults for reducing morbidity and mortality from disease. Cochrane Database Syst Rev. 2019;1（1）:CD009009.
＊4 Fukuma S et al. Association of the National Health Guidance Intervention for Obesity and Cardiovascular Risks With Health Outcomes Among Japanese Men. JAMA Intern Med. 2020;180（12）:1630-1637.
＊5 鈴木亘等人「特定健檢與特定保健指導的效果測定：方案評估的經濟計量學研究」《醫療經濟研究》2015,27(1):2-39.
＊6 厚生勞動省「第4次　厚生勞動省版建議政策分類　資料5：前次委員的指摘事項」二〇一二年

## RULE 5　酒與菸

＊1 片野田耕太等人《香菸對策的健康影響與經濟影響的綜合評估相關研究》二〇一五年度
＊2 Oberg M et al. Worldwide burden of disease from exposure to second-hand smoke: a retrospective analysis of data

from 192 countries. Lancet. 2011;377（9760）:139-146.
＊3 Hori M et al. Secondhand smoke exposure and risk of lung cancer in Japan: a systematic review and meta-analysis of epidemiologic studies. Jpn J Clin Oncol. 2016;46（10）:942-951.
＊4 Hess IM et al. A systematic review of the health risks from passive exposure to electronic cigarette papour. Public Health Res Pract. 2016;26（2）:2621617
＊5 Centers for Disease Control and Prevention. The Health Consequences of Involuntary Exposure to Tobacco Smoke: A Report of the Surgeon General. 2006.
＊6 Auer R et al. Heat-Not-Burn Tobacco Cigarettes: Smoke by Any Other Name. JAMA Intern Med. 2017;177（7）:1050-1052.

後注1 這項研究採用的九項研究都是觀察性研究（Observational study），這是調查人們過著怎樣的生活，評估那些人幾年後的患病機率。當然，過著健康生活與不健康生活的人們有許多相異之處，無法這樣做比較。因此要取得許多健康的相關資訊，以統計方法去除各自的影響，再評估香菸與健康的關係。但事實上，像「健康意識」這樣無法收集資料的要因也不少，因為無法去除影響，難以評估真正的關係性。

## RULE 6　泡澡

＊1 「現代人的沐浴情況2012」都市生活研究所、木村康代「日美沐浴調查之1　美國訪談調查」《都市生活報告》1989：（11）
＊2 參考來源：巴斯克林股份有限公司官網
＊3 Harvard Health Publishing〔https://www.health.harvard.edu/staying-healthy/take-a-soak-for-your-health〕
＊4 Ukai T et al. Habitual tub bathing and risks of incident coronary heart disease and stroke. Heart. 2020; 106（10）:732-737.
＊5 Laukkanen JA et al. Cardiovascular and Other Health Benefi ts of Sauna Bathing: A Review of the Evidence. Mayo

Clin Proc. 2018;93（8）:1111-1121.

＊6 Källström M et al. Effects of sauna bath on heart failure: A systematic review and meta-analysis. Clin Cardiol. 2018;41（11）:1491-1501.

＊7 Milunsky A et al. Maternal heat exposure and neural tube defects. JAMA. 1992;268（7）:882-885.

＊8 Waller DK et al. Maternal report of fever from cold or fl u during early pregnancy and the risk for noncardiac birth defects,National Birth Defects Prevention Study, 1997-2011. Birth Defects Res. 2018;110（4）:342-351.

## COLUMN 3　標準治療是最頂級治療

＊1 Johnson SB et al. Use of Alternative Medicine for Cancer and Its Impact on Survival. J Natl Cancer Inst. 2018;110（1）:121-124.

## RULE 7　壓力

＊1 Iso H et al. Perceived mental stress and mortality from cardiovascular disease among Japanese men and women: the Japan Collaborative Cohort Study for Evaluation of Cancer Risk Sponsored by Monbusho（JACC Study）. Circulation. 2002;106（10）:1229-1236.

＊2 Satoh H et al. Persistent depression is a significant risk factor for the development of arteriosclerosis in middle-aged Japanese male subjects. Hypertens Res. 2015;38（1）:84-88.

＊3 Booth J et al. Evidence of perceived psychosocial stress as a risk factor for stroke in adults: a meta-analysis. BMC Neurol.2015;15:233.

＊4 Heikkilä K et al. Work stress and risk of cancer: meta-analysis of 5700 incident cancer events in 116,000 European men and women. BMJ. 2013;346:f165.

＊5 Schoemaker MJ et al. Psychological stress, adverse life events and breast cancer incidence: a cohort investigation in 106,000 women in the United Kingdom. Breast Cancer Res. 2016;18（1）:72.

＊6 Blanc-Lapierre A et al. Perceived Workplace Stress Is Associated with an Increased Risk of Prostate Cancer before Age 65. Front Oncol. 2017;7:269.

＊7 Cancer Research UK〔https://www.cancerresearchuk.org/about-cancer/causes-of-cancer/cancer-controversies/can-stresscause-cancer〕

＊8 Partecke LI et al. Chronic stress increases experimental pancreatic cancer growth, reduces survival and can be antagonized by beta-adrenergic receptor blockade. Pancreatology. 2016;16（3）:423-433.

＊9 Obradovi MMS et al. Glucocorticoids promote breast cancer metastasis. Nature. 2019;567（7749）:540-544.

## RULE 8 過敏及花粉症

### 過敏

＊1 Motosue MS et al. National trends in emergency department visits and hospitalizations for food-induced anaphylaxis in US children. Pediatr Allergy Immunol. 2018;29（5）:538-544.

＊2 Lieberman J et al. Increased incidence and prevalence of peanut allergy in children and adolescents in the United States. Annals of Allergy, Asthma & Immunology. 2018;121（5）:S13.

＊3 Lack G et al. Factors associated with the development of peanut allergy in childhood. N Engl J Med. 2003;348（11）:977-985.

＊4 Yoshida K et al. Distinct behavior of human Langerhans cells and infl ammatory dendritic epidermal cells at tight junctions in patients with atopic dermatitis. J Allergy Clin Immunol. 2014;134（4）:856-864.

＊5 Horimukai K et al. Application of moisturizer to neonates prevents development of atopic dermatitis. J Allergy Clin Immunol. 2014;134（4）:824-830. e6.

＊6 Chalmers JR et al. Daily emollient during infancy for prevention of eczema: the BEEP randomised controlled trial. Lancet.2020; 395（10228）:962-972.

＊7 參考來源　兒童過敏科醫師備忘錄〔https://pediatric-allergy.com/2020/03/09/beep/〕（2020年7月20日）

＊8 Yagami A et al. Outbreak of immediate-type hydrolyzed wheat protein allergy due to a facial soap in Japan. J Allergy Clin Immunol. 2017;140（3）:879-881. e7.

＊9 Du Toit G et al. Early consumption of peanuts in infancy is associated with a low prevalence of peanut allergy. J Allergy Clin Immunol. 2008;122（5）:984-991.

＊10 Du Toit G et al. Randomized trial of peanut consumption in infants at risk for peanut allergy. N Engl J Med. 2015;372（9）:803-813.

＊11 Perkin MR et al. Randomized Trial of Introduction of Allergenic Foods in Breast-Fed Infants. N Engl J Med. 2016;374（18）:1733-1743.

＊12 Perkin MR et al. Effi cacy of the Enquiring About Tolerance（EAT）study among infants at high risk of developing food allergy. J Allergy Clin Immunol. 2019;144（6）:1606-1614. e2.

＊13 Greer FR et al. The Effects of Early Nutritional Interventions on the Development of Atopic Disease in Infants and Children: The Role of Maternal Dietary Restriction, Breastfeeding, Hydrolyzed Formulas, and Timing of Introduction of Allergenic Complementary Foods. Pediatrics. 2019;143（4）:e20190281.

## 花粉症

＊1 Horiguchi S & Saito Y. The cases of Japanese cedar pollinosis in Nikko Tochigi prefecture. Jpn J Allergol. 1964;13:16-18 [in Japanese].

＊2 Kaneko Y et al. Increasing prevalence of Japanese cedar pollinosis: a meta-regression analysis. Int Arch Allergy Immunol. 2005;136（4）:365-371.

＊3 Yamada T et al. Present state of Japanese cedar pollinosis: The national affl iction. J Allergy Clin Immunol. 2014;133（3）:632-639.

＊4 Ito Y et al. Forecasting Models for Sugi（Cryptomeria japonica D. Don）Pollen Count Showing an Alternate Dispersal Rhythm. Allergol Int. 2008;57:321-329.
＊5 Cochrane〔https://www.cochrane.org/ja/CD012597/ENT_arerugixing-bi-yan-nidui-surusheng-li-shi-yan-shui-woyong-itabiugai〕
＊6 參考來源　健榮製藥官網〔https://www.kenei-pharm.com/general/column/vol32/〕
＊7 Gotoh M et al. Long-Term Effi cacy and Dose-Finding Trial of Japanese Cedar Pollen Sublingual Immunotherapy Tablet. J Allergy Clin Immunol Pract. 2019;7（4）:1287-1297. e8.
＊8 Schmitt J et al. Allergy immunotherapy for allergic rhinitis effectively prevents asthma: Results from a large retrospective cohort study. J Allergy Clin Immunol. 2015;136（6）:1511-1516.

## RULE 9　營養補充品

＊1 Intage控股公司《掌握健康食品與營養補充品＋保健食品＋自我照護的市場實態報告》二〇二〇年度版
＊2 The New York Times. Vitamin D, the Sunshine Supplement, Has Shadowy Money Behind It.〔https://www.nytimes.com/2018/08/18/business/vitamin-d-michael-holick.html〕
＊3 Abdelhamid AS et al. Omega-3 fatty acids for the primary and secondary prevention of cardiovascular disease. Cochrane Database Syst Rev. 2018;7（7）:CD003177.
＊4 Manson JE et al. Marine n-3 Fatty Acids and Prevention of Cardiovascular Disease and Cancer. N Engl J Med. 2019;380（1）:23-32.
＊5 Bjelakovic G et al. Vitamin D supplementation for prevention of mortality in adults. Cochrane Database Syst Rev. 2014;10（1）:CD007470.
＊6 Manson JE et al. Vitamin D Supplements and Prevention of Cancer and Cardiovascular Disease. N Engl J Med. 2019;380（1）:33-44.

*7 Incze M. Vitamins and Nutritional Supplements: What Do I Need to Know? JAMA Intern Med. 2019;179（3）:460.

*8 Vinding RK et al. Fish Oil Supplementation in Pregnancy Increases Gestational Age, Size for Gestational Age, and Birth Weight in Infants: A Randomized Controlled Trial. J Nutr. 2019;149（4）:628-634.

*9 Bisgaard H et al. Fish Oil-Derived Fatty Acids in Pregnancy and Wheeze and Asthma in Offspring. N Engl J Med. 2016;375（26）:2530-2539.


## RULE 10 新冠病毒、感冒、流感


*1 Fry J & Sandler G. Common diseases: their nature, prevalence, and care. Dordrecht, Boston: Kluwer Academic, 1993.

*2 Tupasi TE et al. Patterns of acute respiratory tract infection in children: a longitudinal study in a depressed community in Metro Manila. Rev Infect Dis. 1990;12（Suppl 8）:S940-S949.

*3 Cruz JR et al. Epidemiology of acute respiratory tract infections among Guatemalan ambulatory preschool children. Rev Infect Dis. 1990;12（Suppl 8）:S1029-S1034.

*4 COVID-19 Dashboard by the Center for Systems Science and Engineering（CSSE）at Johns Hopkins University（JHU）. [https://coronavirus.jhu.edu/map.html]

*5 Wat D. The common cold: a review of the literature. Eur J Intern Med. 2004;15（2）:79-88.

*6 How do SARS and MERS compare with COVID-19?〔https://www.medicalnewstoday.com/articles/how-do-sars-and-merscompare-with-covid-19〕

*7 Andreasen V et al. Epidemiologic Characterization of the 1918 Influenza Pandemic Summer Wave in Copenhagen:Implications for Pandemic Control Strategies. J Infect Dis. 2008;197（2）:270-278.

*8 Perez-Saez J et al. Serology-informed estimates of SARS-CoV-2 infection fatality risk in Geneva, Switzerland. Lancet Infect Dis. 2021;21（4）:e69-e70.

＊9 Stringhini S et al. Seroprevalence of anti-SARS-CoV-2 IgG antibodies in Geneva, Switzerland（SEROCoV-POP）: a populationbased study. Lancet. 2020; 396（10247）:313-319

＊10 The infection fatality rate of COVID-19 in Stockholm–Technical report. Available:〔https://www.folkhalsomyndigheten.se/contentassets/53c0dc391be54f5d959ead9131edb771/infection-fatality-rate-covid-19-stockholm-technical-report.pdf〕

＊11 Giacomelli A et al. Self-reported Olfactory and Taste Disorders in Patients With Severe Acute Respiratory Coronavirus 2 Infection: A Cross-sectional Study. Clin Infect Dis. 2020;71（15）:889-890.

＊12 日本國立傳染病研究所「鑽石公主號郵輪環境檢查相關報告（要旨）」〔https://www.niid.go.jp/niid/ja/diseases/ka/corona-virus/2019-ncov/2484-idsc/9597-covid19-19.html〕

＊13 Arroll B. Common cold. BMJ Clin Evid. 2011;2011:1510.

＊14 Cheng HY et al. Contact Tracing Assessment of COVID-19 Transmission Dynamics in Taiwan and Risk at Different Exposure Periods Before and After Symptom Onset. JAMA Intern Med. 2020;180（9）:1156-1163.

＊15 He X et al. Temporal dynamics in viral shedding and transmissibility of COVID-19. Nat Med. 2020;26（5）:672-675.

## RULE 11 疫苗

＊1 Figueiredo A et al. Mapping global trends in vaccine confi dence and investigating barriers to vaccine uptake: a large-scaleretrospective temporal modelling study. Lancet. 2020;396（10255）:898-908.

＊2 齋藤昭彥「從過去、現在與未來解讀日本的預防接種制度」《醫學界新聞》二〇一四年一月六日

＊3 菅谷憲夫「流感疫苗的過去、現在與未來」《傳染病學雜誌》2002‥76(1)‥9-17.

＊4 Reichert TA et al. The Japanese experience with vaccinating schoolchildren against infl uenza. N Engl J Med. 2001;344（12）:889-896.

＊5 Kudo R et al. Bivalent Human Papillomavirus Vaccine Effectiveness in a Japanese Population: High Vaccine-Type-Specific Effectiveness and Evidence of Cross-Protection. J Infect Dis. 2019;219（3）:382-390.

＊6 Lei J et al. HPV Vaccination and the Risk of Invasive Cervical Cancer. N Engl J Med. 2020;383（14）:1340-1348.

＊7 厚生勞動省健康局長與醫藥食品局長聯名通知「疫苗接種緊急促進事業實施要領」二〇一〇年十一月二十六日

＊8 Suzuki S & Hosono A. No association between HPV vaccine and reported post-vaccination symptoms in Japanese young women: Results of the Nagoya study. Papillomavirus Res. 2018;5:96-103.

＊9 今野良「關於『子宮頸癌預防疫苗公費推動接種狀況』的問卷調查報告」二〇一二年

＊10 MSD製藥 子宮頸癌預防資訊網站 更加守護你.jp

＊11 Hall MT et al. The projected timeframe until cervical cancer elimination in Australia: a modelling study. Lancet Public Health.2019;4（1）:e19-e27.

＊12 Belongia EA et al. Variable influenza vaccine effectiveness by subtype: a systematic review and meta-analysis of testnegative design studies. Lancet Infect Dis. 2016;16（8）:942-951.

一起來　0ZFB0011

# HEALTH RULES

## 一套最科學、也最易遵循的健康原則

HEALTH RULES：病気のリスクを劇的に下げる健康習慣

作　　者　津川友介
譯　　者　連雪雅
主　　編　林子揚
責任編輯　林杰蓉

總 編 輯　陳旭華 steve@bookrep.com.tw
出版單位　一起來出版／遠足文化事業股份有限公司
發　　行　遠足文化事業股份有限公司（讀書共和國出版集團）
231 新北市新店區民權路 108-2 號 9 樓
電　　話　(02) 2218-1417
法律顧問　華洋法律事務所　蘇文生律師

封面設計　Ancy Pi
內頁排版　顏麟驊
印　　製　中原造像股份有限公司
初版一刷　2023 年 8 月
定　　價　420 元
I S B N　9786267212257（平裝）
9786267212240（EPUB）
9786267212233（PDF）



國家圖書館出版品預行編目 (CIP) 資料

HEALTH RULES：一套最科學、也最易遵循的健康原則／津川友介著；連雪雅譯. -- 1 版. -- 新北市：一起來出版，遠足文化事業股份有限公司，2023.08
224 面；14.8×21 公分 . --（一起來美；11）
譯自：Health rules : 病気のリスクを劇的に下げる健康習慣
ISBN 978-626-7212-25-7（平裝）

1.CST：家庭醫學　2.CST：保健常識　3.CST：健康法

429　112006939